"中国好设计"丛书得到中国工程院重大咨询项目
"创新设计发展战略研究"支持

中国好设计 丛书

"中国好设计"丛书编委会 主编

企业创新设计路径案例研究

刘曦卉 著

U0188798

中国科学技术出版社

·北 京·

图书在版编目（CIP）数据

中国好设计：企业创新设计路径案例研究 / 刘曦卉
著 . —北京：中国科学技术出版社，2015.10
（中国好设计）
ISBN 978-7-5046-6859-2

Ⅰ.①中…　Ⅱ.①刘…　Ⅲ.①工业产品－设计－案例
Ⅳ.① TB472

中国版本图书馆 CIP 数据核字（2015）第 246396 号

策划编辑	吕建华　赵　晖　高立波
责任编辑	高立波　赵　佳
封面设计	天津大学工业设计创新中心
版式设计	中文天地
责任校对	何士如
责任印制	张建农

出　　版	中国科学技术出版社
发　　行	科学普及出版社发行部
地　　址	北京市海淀区中关村南大街16号
邮　　编	100081
发行电话	010-62103130
传　　真	010-62179148
网　　址	http://www.cspbooks.com.cn

开　　本	787mm×1092mm　1/16
字　　数	194千字
印　　张	11.5
版　　次	2015 年10月第1版
印　　次	2015 年10月第1次印刷
印　　刷	北京市凯鑫彩色印刷有限公司
书　　号	ISBN 978-7-5046-6859-2 / TB·92
定　　价	56.00元

"中国好设计"丛书编委会

总序

　　自 2013 年 8 月中国工程院重大咨询项目 "创新设计发展战略研究" 启动以来，项目组开展了广泛深入的调查研究。在近 20 位院士、100 多位专家共同努力下，咨询项目取得了积极进展，研究成果已引起政府的高度重视和企业与社会的广泛关注。"提高创新设计能力"已经被作为提高我国制造业创新能力的重要举措列入《中国制造 2025》。

　　当前，我国经济已经进入由要素驱动向创新驱动转变，由注重增长速度向注重发展质量和效益转变的新常态。"十三五"是我国实施创新驱动发展战略，推动产业转型升级，打造经济升级版的关键时期。我国虽已成为全球第一制造大国，但企业设计创新能力依然薄弱，缺少自主创新的基础核心技术和重大系统集成创新，严重制约着我国制造业转型升级、由大变强。

　　项目组研究认为，大力发展以绿色低碳、网络智能、超常融合、共创分享为特征的创新设计，将全面提升中国制造和经济发展的国际竞争力和可持续发展能力，提升中国制造在全球价值链的分工地位，将有力推动中国制造向中国创造转变、中国速度向中国质量转变、中国产品向中国品牌转变。政产学研、媒用金等社会各个方面，都要充分认知、不断深化、高度重视创新设计的价值和时代特征，共同努力提升创新设计能力、培育创新设计文化、培养凝聚创新设计人才。

好的设计可以为企业赢得竞争优势，创造经济、社会、生态、文化和品牌价值，创造新的市场、新的业态，改变产业与市场格局。"中国好设计"丛书作为"创新设计发展战略研究"项目的成果之一，旨在通过选编具有"创新设计"趋势和特征的典型案例，展示创新设计在产品创意创造、工艺技术创新、管理服务创新以及经营业态创新等方面的价值实现，为政府、行业和企业提供启迪和示范，为促进政产学研、媒用金协力推动提升创新设计能力，促进创新驱动发展，实现产业转型升级，推进大众创业、万众创新发挥积极作用。希望越来越多的专家学者和业界人士致力于创新设计的研究探索，致力于在更广泛的领域中实践、支持和投身创新设计，共同谱写中国设计、中国创造的新篇章！是为序。

2015 年 7 月 28 日

序 言

从 2013 年 8 月至今，中国工程院"创新设计发展战略研究"项目已经进行了近两年时间，即将迎来收获的季节。在项目组近 20位院士、100 多位专家的共同努力下，这项咨询项目取得了积极进展，研究成果已引起政府、行业、企业和社会有关方面的高度重视。《中国制造 2025》提出的战略任务和重点中，明确将"提高创新设计能力"作为提高国家制造业创新能力的一项重要举措。

开展创新设计发展战略研究，是在全球知识网络时代和我国经济发展新常态下，深入贯彻落实创新驱动发展战略，为加快实现我国制造业转型升级、由大变强提供决策参考的一项重要项目。项目组研究认为，大力发展以绿色低碳、网络智能、超常融合、共创分享为特征的创新设计，将全面提升中国制造和经济发展的国际竞争力和可持续发展能力，提升中国制造在全球价值链的分工地位，将

作为"创新设计发展战略研究"项目的成果之一，"中国好设计"丛书旨在通过选编中国好设计实例和分析，展示创新设计在产品创意创造、工艺技术创新、管理服务创新以及经营业态创新等方面的成功案例和价值实现，为政府、行业和企业提供有价值的典型材料和示范启迪，为促进政产学研、媒用金协力推动提升创新设计能力，促进创新驱动发展，实现产业转型升级，推进大众创业、万众创新发挥积极作用。

有力推动中国制造向中国创造转变、中国速度向中国质量转变、中国产品向中国品牌转变。政产学研、媒用金等社会各个方面，都要充分认知、高度重视创新设计的价值和时代特征，共同努力提升创新设计能力、培育创新设计文化、培养创新设计人才。

任教于香港理工大学设计学院的刘曦卉博士，是"创新设计发展战略研究"项目组中发挥骨干作用的青年专家之一。她主持编写"中国好设计"丛书的这本《企业创新设计路径案例研究》，反映了她开放宽广的知识视野、严谨扎实的专业素养，以及细致深入的企业调研和分析，也很好地体现了"创新设计发展战略研究"项目组的共同认知和理念，值得充分肯定。相信读者朋友们也能从中获得有益的启示。因此，我很高兴为此书作序，也希望广大读者通过这些案例，进一步了解创新设计、支持创新设计、投身创新设计，为中国制造向中国创造跨越发展贡献智慧和力量。

2015 年 6 月 16 日

前　言

　　"我看那个品牌做得挺好的，你能告诉我他的品牌策略是什么吗？"这是我们的企业家们在谈及品牌时最普遍的观点。我们热衷于成功的故事，从早期的摩托罗拉手机，到三星，再到现在的小米、阿里巴巴，我们热衷于学习并复制他们的经营模式。这一热衷的背后隐藏着两个思维定式：一是通过复制成功的产品、服务，甚至是品牌战略，我们也能够成功；二是别人的成功道路总是一帆风顺的。事实上，我们每个人、每个企业都知道自己的每一个决定、每一步成长有多么的不容易，一些在旁人看来纯属运气好而取得的成绩，背后也有着自己的艰辛和付出。只是每当我们看别人的成功故事时，就忘了这一点。我们往往只关注成功案例的当下，而忽视了他们艰辛的成长道路，尤其是当他们在若干年前面临发展困境时是如何通过检讨反思、制定战略、采取行动、坚持努力，才最终取得今天的成功。事实上，恰恰只有这样了解别人从失败到成功的转折点，或是从 0 到 1 的成功起跑点，才能够启发我们的思维，令每个企业能通过结合自己的优势，制定出适合自己的战略与方向，最终取得自己的成功！

　　如今，反思我们追逐和学习成功经验的方式变得更为迫切，企业面临着摆脱传统制造模式实现转型升级的压力，也不得不面临知识经济时代所带来的新挑战。挖掘并分享成功企业的艰难道路，尤其是他们制定转折战略的核心思路，告诉我们的企业如何看待这些成功的故事，这就是撰写本书的初衷。这本书里的很多素材来自于我们从 2007 年开始的研究。但是，离开了工作多年的设计管理岗位，跟随我的导师 John Heskett 先生开始了针对中国中小企业设计竞争力的博士研究。John Heskett 先生是世界上第一本工业设计史的撰写者，我们国内现在大多工业设计史的教材内容还是来自他在 1980 年出版的 *Industrial Design*，因为设计史的研究，使他自然地走向了企业和产业发展战略、设计管理等研究领域。他也是世界上迄今为止唯一的一位为英国、美国、日本政府做过设计产业发展战略的学者。也是因为他的指导，让我用历史发展的眼光来看待这些企业的成长。我们的研究至今已经持续了 7 年的时间，追踪并见证了一批本土企业的成长历程。虽然这些企业的规模、行业、背景各不相同，但是设计都在他们的发展和品牌化道路上扮演了极为重要的角色。我们尝试用一些关键要素来概括他们的发展模式，以帮助企业定义自己的设计力发展阶段、明确发展目标和着力点。通过过去三年的追踪，我们发现一些快速成长的企业正是按照这样的路径在发展，这六个模式和其对应的发展道路可以解释至今为止我们所研究所有案例的发展历程。因此，在这本书里，我们把这六个模式以案例的形式展现给大家。我们的重点不是分析案例企业现状有多成功，而是告诉大家他们从创业初期，还是一个小微企业的时候，是如何制定战略，充分运用设计，发展成为现在的行业领先的。

而这些研究成果的出版要感谢中国工程院在 2013 年设立了重大咨询项目"创新设计发展战略研究"所提供的契机。随着互联网、大数据等技术的广泛应用，我们已经面对知识网络时代的到来。在德国，这被描述为第四次工业革命；在美国，这被赋予数字化的命题。对于我国而言，认识到这一变革的趋势，并结合我国国情与发展特点建立新时期的国家设计战略，无疑是为新时代的产业发展指明可持续的发展方向，也是实现"弯道超车"的绝佳机会。基于充分的预见，路甬祥院士提出了面向知识经济时代的"创新设计"，课题组在前期研究的基础上组织出版了"中国好设计"研究案例集，而我们非常荣幸的把研究成果作为其中一个重要组成部分《企业创新设计路径案例研究》介绍给大家。

本书第一章开篇，介绍了评价中小企业创新设计发展的六个要素，以及根据这六个要素而定义的六个模式。通过理解这六个模式所代表的不同设计力发展思路，进一步地阐述了通过运用设计发展企业的四条道路。在随后的十章中我们介绍了十个来自不同行业的案例，希望在详述企业通过设计发展竞争力的战略与执行的同时能够覆盖尽可能多的行业类别。在这些案例中，既有处于典型红海竞争的家具、家电、玩具、日用消费品企业，也有开创蓝海的智能、电子、科技型企业。

衷心感谢中国工程院把这项重要而有意义的工作交付给香港理工大学设计学院，这也是对我们前期研究成果的肯定；也感谢路甬祥院士、潘云鹤院士、徐志磊院士、孙守迁教授在学术理念上的引领和研究方法上的指导；感谢中国机械工程学会张彦敏副理事长、刘惠荣秘书在项目实施过程中对各方面的指导和支持；感谢为本书案例提供产品相关信息的公司、专家及网站，感谢北京小米科技有限责任公司苏峻经理、宜准电子李华经理、Toy2R 蔡汉成总经理、毅昌科技谢金城总监、尚品宅配李连柱总裁、新宝集团郭建刚董事长、百利文仪梁纳新总裁、基本生活陈实总裁、康艺电子总经理朱昌权、总工程师肖灿；感谢推荐案例的广州美术学院工业设计学院院长童慧明教授、香港科技大学李泽湘教授、广东省工业设计协会胡启志秘书长。在本书出版过程中，赵晖编辑给予了至关重要的帮助和指导，感谢中国科学技术出版社工作人员的辛勤工作。感谢做了大量访谈和联络工作的香港理工大学设计学院博士生张梦婷；感谢香港理工大学设计学院对我研究的支持；感谢所有参与本书编写以及给出宝贵意见的专家、教师和学生；感谢每一位读者。

本书适用于设计学院师生和企业研发创新设计团队，也适合从事创新实践的企业领导和创业者。希望本书可以对从事设计、技术、商业的读者有所帮助。

刘曦卉

香港理工大学设计学院

2015 年 7 月

目录
CONTENTS

CHAPTER ONE ｜ 第一章

中小企业创新设计力发展之路

在最初的研究中，我们通过分析企业的背景和运用设计的实践，一些企业的基本特征得以发现（见表1-1）。所有这些基本特征显示，设计竞争力在这些企业中的发展还处于初级阶段，往往缺乏整体性规划，也缺少与企业经营其他要素的战略整合。设计师地位通常十分有限，实际项目的设计决策多是由企业高层管理者或是其他职能经理制定。这些特征可以被视为企业设计竞争力发展初期的正常表现，但是也必须意识到，这可能会阻碍或减缓企业的设计发展。同时，企业通常过多地关注短期的市场目标以及产品市场表现，这会直接影响其对设计的投入。

表1-1	长三角、珠三角企业初级设计力特征
企业特征	着重发展设计竞争力的大部分是私营或合资企业
	大部分企业声称有自己的品牌，但实际上他们对品牌的认识很模糊
设计竞争力的发展	大部分被调研企业都已建立设计团队，但对设计投入和应用十分有限
	高管做最终设计决策，而不是专业设计师或设计经理。设计师在企业里地位较低，且企业对其投入也十分有限
	设计产品在市场上的表现直接影响设计投入
	大部分企业愿意设计外包，但主要是外形设计，而非趋势研究、战略规划等
	设计投入越多，越愿意设计外包
	大中型企业往往已成立独立的设计部门，对设计投入更积极
设计意识	企业对于核心竞争力的定义往往比较模糊，且设计很少被定义为核心竞争力
	许多企业声称了解设计对商业的重要性，但对企业发展设计竞争力往往缺少具体的发展战略及规划
	设计外包战略会根据外包工作的内容和外部设计所能够提供的服务质量而制定

这也说明，虽然大多数经营者认为他们自己了解设计的重要性，但是在设计实践中，他们仍旧是结果导向或是市场导向，而非设计竞争力导向。这为内部和外部设计力（如自由设计师和专业的设计公司）的发展都造成困境。在品牌概念上，品牌和商标两个概念在多数情况下被相互混淆。许多企业认为他们自己有品牌，而其实际经营模式却完全是OEM（代加工制造）或是ODM（代设计制造）。

这些基本特征说明，制造型企业在设计意识和设计实践中有许多困惑。为了更清楚地了解其内容和原因，从企业的商业思考内容、面对的主要问题和寻求的解决途径等多方面深入的收集信息就十分必要。通过本研究案例资料的收集与撰写，许多有助于解决这些问题的信息被得以发现。通过深入访谈和与初步研究发现的比对，我们提出企业设计管理的模式，而这能够帮助企业定义自身在设计竞争力发展中的不同阶段与内容。

1.1 我国制造企业发展设计竞争力的六个模式

研究发现，通过对调研数据的量化分析，企业规模、设计意识、核心竞争力、内部设计、设计任务承当者、设计流程 6 个用以评价企业设计竞争力发展阶段的要素（见表 1-2）。

表 1-2	评价企业设计竞争力发展阶段 6 要素
企业规模	根据国家规定，企业可根据员工人数、年营业额、固定资产总额等划分为大、中、小三类
设计意识	是否只有高层管理者意识到设计的重要性，还是全公司员工都已经意识到
核心竞争力	设计是否被定义为企业的核心竞争力，或是被作为其中一个重要组成部分
内部设计	企业内部设计力量是否已建立。其形式可以多样化，如内部设计小组、独立设计师等
设计任务承担者	实际设计工作主要由谁承担并完成
设计流程	采用弹性流程或是标准化流程

这 6 个要素既可概述企业的设计发展状况，也可以帮助企业评估其自身的设计发展。任何企业可以参考这 6 个要素去定义自己的发展阶段。依据这 6 个要素，这些企业的设计管理实践可以被进一步划分为 6 个模式（见表 1-3）。不论企业处于哪一个模式当中，都有其需要面对的机会和威胁。

表 1-3		中小企业创新设计 6 个模式
模式	**企业特征**	**设计发展措施**
无设计师的设计	▫ 产品属于小众的 ▫ 产品特征以结构为主,功能及外形都附属于结构 ▫ 企业处于发展初期或是规模较小	❶建立多职能、多专业领域人才构成的核心研发团队 ❷建立良好而有效的沟通模式 ❸建立弹性的研发流程 ❹注重发展综合设计素质和团队的设计认知 ❺强调设计思考在研发过程中的自觉整合
工业设计起步者	▫ 产品属于较大的产品市场或类别,如个人消费类产品。企业或是竞争者较多,或是产品销售量较大 ▫ 产品技术难度不大,主要依靠造型设计实现产品差异化	❶初期:通过设计建立产品在市场上的差异化形象 ❷发展期:固定长期合作的外部设计团队,建立良好的沟通渠道及默契度;针对不同的市场与客户启用不同的外部设计资源 ❸成长期:在累积的设计经验与知识基础上,建立自己的设计团队
工业设计应用者	▫ 属于服务型企业,尤其是 B2B 经营模式 ▫ 行业的专业性较强 ▫ 设计在当下的企业经营活动中处于次要地位	❶建立固定流程管理,以解决由于缺乏设计知识而导致的设计管理问题 ❷在掌握基本原则和业务结构清晰的前提下,可把设计业务外包,并与外部资源建立长期稳定的合作关系 ❸就战略而言,要考虑企业经营战略与设计战略的结合、设计与核心业务或是核心竞争力的结合方式与结合点 ❹要认识到设计是服务设计可持续创新的主要动力之一 ❺以体验设计为主题的发展
工业设计追随者	▫ 行业竞争激烈,技术门槛很低 ▫ 产品竞争以造型差异化和价格竞争为主要手段 ▫ 单件产品利润率低,企业靠拓展产品种类增加利润总量 ▫ 设计认知是被市场竞争推动的,而非主动的	❶从根本上转变对设计的态度,从"市场要我做设计"到"我要发展设计" ❷尽快发展进入到"造型关注者"或"设计导向"模式中,即发展系统管理设计、架构产品设计体系的能力,或是发展战略规划设计
工业设计发展者	▫ 企业通常在产品类别中业绩排名较前 ▫ 已把设计定义为核心竞争力,但对设计的理解局限在执行层面或是功能层面,而非战略层	❶建立核心设计团队,由有经验的设计师组成或带队 ❷外包设计工作,内部设计师承担设计项目管理职责 ❸建立固定设计流程和品质管理文本,方便项目管理 ❹外部设计选择:由具备产品专业知识的跨学科人员构成的团队 ❺根据产品类型和市场选择对应的外部设计公司,以获取新创意为主,不一定要建立稳定的长期合作关系 ❻未来逐步发展战略性设计规划思考,以摆脱以造型差异化为主的市场竞争手段
创新设计发展者	▫ 企业往往处于其行业中的领导地位 ▫ 企业面对的主要问题是如何通过运用设计提升经营和品牌	❶设计与品牌及企业经营战略相结合,生成设计战略,指导具体设计工作 ❷建立内部设计力量,保持同外界合作,不断获取新知 ❸建立自身跨多专业领域的核心团队,包含管理、市场、设计、产品规划及品牌 ❹建立固定流程以有效管理 ❺建立知识管理体系,积累设计经验与知识

这类企业往往经营规模有限。他们通常处于发展初期，即使高层管理者认识到设计的重要性，但由于发展资金紧张，设计投入也十分有限。在该阶段设计工作往往交由非专业设计人员或部门完成，多数是研发团队。

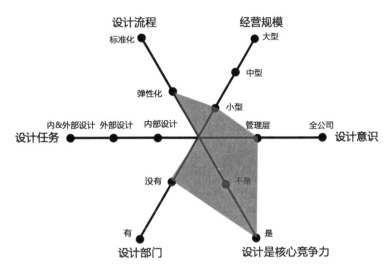

图 1-1　无设计师的设计模式

生产比较小众的专业产品，如医疗器械、生产工具、体育或康复器材等的企业，也容易以此模式发展设计竞争力。要设计好这类产品，要求设计师具备扎实的结构与工程基础，而这正是当下中国设计师所缺乏的专业基础知识之一。由于难以找到高素质且有相关经验的设计师，企业只有选择由工程设计人员解决相关造型设计问题。

处于这一模式中的企业面对的困境可能是多种多样的，但他们采取的解决途径是一致的，即用现有多专业领域人员构成的研发团队去承担设计工作。在实际的执行中，通常一个具有较佳审美品位的工程师会被选拔出来逐步发展其设计技能。与此同时，为了能够最大化的发挥团队成员的集体智慧，以避免因为缺少设计专业人员而导致的设计失误，企业通常会采用弹性的设计流程。

案例企业 A 是一家专业从事高尔夫球手推车生产的厂家，其设计力量发展与建立的路径就是这一模式的典型代表。企业 A 属于 ODM 经营，虽然没有自己的品牌，但是如今其产品已经在欧洲市场得到知名高尔夫球用具品牌的认可，并被广为接受，同时也正在进军美国市场。

高尔夫球手推车是以结构为主要功能部件和外观形态的产品，要求设计必须和结构工程紧密结合。创业初期，该企业意识到设计的重要性，聘请了设计师。在实践中发现，这些设计师缺乏对高尔夫球车结构的专业知识，所提出的设计方案几乎都是照着现有的结构描图，没有创意可言（见图 1-2）。很快，企业转变思路，辞退设计师，组建核心研发团队，其成员以工程师为主，加上营销和企业负责人。

该研发团队以弹性的工作流程推进工作，针对研发过程中随时出现的问题随时召开会议现场讨论解决，每个人在这一过程中都必须展开跨专业领域的思考和整合。设计职能在这样的团队和流程中，也被覆盖到，最终产品的造型得到全新定义（见图 1-3）。虽然在研发过程中，没有一个专业设计师参与其中，但就最终产品而言，已被国外品牌商广泛认可为优秀的产品设计作品。

图 1-2　初期的高尔夫球手推车　　　图 1-3　研发团队设计后的高尔夫球手推车

该类企业依靠外部设计完成产品研发，通常和外部设计建立长期稳定的合作关系。这些外部的设计师或设计公司，会以一种近似于企业内部设计部门的形式与企业的其他职能部门密切合作。这一模式中的管理者清楚知道设计的重要性，但是他们缺乏管理设计和执行设计的知识与经验，因而不能在短期内建立自己内部的设计力量。受限于设计和投资规模，企业往往会根据产品类别和市场地域的差异化需求而选择对应的外部设计资源。

一方面	他们可以在有限的经费预算下最大化利用外部设计资源；
另一方面	他们通过与外部合作，逐步了解设计、提升设计知识、积累设计经验。在此基础上，才有可能在不久的将来在企业内建立自己的设计部门。

与"无设计师的设计"模式所不同的是，这类企业通常处于大规模消费的产品市场中，这意味着大量的设计需求。这使得企业能够容易以低成本投入得到大量经验丰富的设计人才。这一截然不同的行业背景直接影响企业的战略及其实

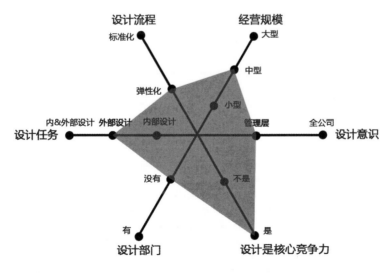

图1-4　工业设计起步者模式

施效果。然而，值得注意的是，处于该模式中的企业多是经营刚刚起步，他们不能在这一模式中停留过久，或是快速发展壮大从而建立自己的设计部门，或是通过市场或产品类别的拓展快速发展到更佳的模式中，否则就会有失败的危险。

案例企业 B

作为典型代表的案例企业 B，专业生产头部及眼部按摩产品，其前期的设计发展路径完全符合该模式的特点。该企业的经营者从设立初期就十分清楚设计的重要性，虽然不是设计专业背景出身，仍坚持发展企业及产品的设计表现。受初期财力及设计知识的局限，企业 B 从第一款产品就聘请外部的专业设计师或设计公司设计。在此基础上，逐步发展出一个有效的、脉络清晰的设计外包管理系统。在这一系统里，企业有外部设计资源的资料信息库，也和主要的合作伙伴保持长期稳定的合作关系。

在随后逐步发展的产品线和市场里，案例企业 B 可以十分方便地针对产品设计的需求特点选择对应的外包设计单位。例如，如需要设计针对欧洲市场的产品，即可聘请法国设计师；如需生产针对年轻消费群体的按摩产品，则聘请年轻的设计师团队完成。在这一战略下，企业保证其有限的设计投入能够得到最大的回报率，且由于长期合作已建立良好的沟通平台，工作效率也很高。该企业在这一过程中，逐步累积自己的设计知识和设计管理经验，也为后来自身的设计团队建设或是设计竞争力的发展奠定基础。

工业设计
应用者

在这一模式中，企业并不是服务于终端消费者，而是其他企业，即是 B2B（B2B，即 business to business，与之对应的是 B2C，即 business to client，B2B 指的是企业与企业之间的业务联系，而 B2C 则指的是面对终端消费者的企业经营）的商业模式。在其所有的服务活动中，设计仅扮演一个次要角色，且不能被定义为核心竞争力。企业经营关注的是服务，而非产品或制造。受整个 B2B 业态的设计认识局限的影响，管理者的设计意识仍然停留在造型上而没有到达服务流程和战略管理的层面，设计在这类企业里不被强调或重视。产品造型设计在产品研发中被视作微小的工作而无需过

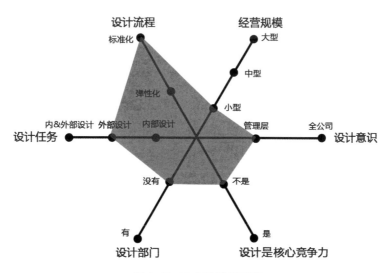

图1-5 工业设计应用者

多投入。但随着经营的发展、对于服务设计认知的不断增长、企业规模的增长，经营者可能会逐步认识到设计在服务流程、交互、战略和品牌中的价值，从而转变态度，发展进入到更佳的模式中去。

案例企业C

以案例企业C为例，其主要业务是为银行提供完整的金融解决方案，尤其是电子金融平台的建立与维护。其客户是国内各大银行，且项目多以竞标方式取得，是典型的B2B服务型企业。该企业核心竞争力在于研发团队的软件平台开发能力，而非具体的产品制造。就其产品与服务架构而言，为客户定制的软件平台的研发是主要产品及服务内容，其他的金融周边及终端产品属于次要内容。就设计的职能而言，在现阶段的业务中就显得不太重要。虽然ATM机等银行终端产品也需要一定的设计，如外形设计、人机界面设计、交互设计等，但是由于这些不是核心业务，因此都被直接发送给外部的ATM机制造厂商统一完成。同时，考虑到项目竞标的需要，外包的产品设计与制造都建立了标准化的工作流程及评价体系，以进行有效管理。

在这家企业，设计在当下的经营活动中确实只扮演次要的角色，但随着企业业务的不断发展，规模的不断扩张，案例企业C负责人已开始认识到设计对公司业务发展的重要性，即服务型企业运用设计的基本方向：品牌化设计及体验设计。就品牌视觉层面，企业已开始建立其品牌形象标准、人员行为规范等。就体验设计层面，研发团队已规划能够把交互界面、流程设计与其技术研发相结合，从新的角度整合设计、产品与服务。

在该类企业里，所有员工都知道设计的重要性，但与其竞争对手相比，设计不能在该类企业中被定义为企业的核心竞争力。因为这些企业是被动的，迫于市场竞争的压力而认识到设计的重要性。通常，这一模式中的企业生产的是技术含量低、生命周期短且利润率低的产品。在这些产品类别中，快速发布新产品是企业得以生存的基本条件。因此，设计的功能主要体现在造型设计与更新，而不是增加产品的附加价值或是通过不同的战略赢取竞争。

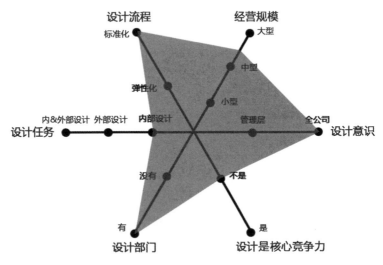

图 1-6 工业设计追随者模式

由于他们对于设计的被动态度和激烈市场竞争导致的对产品成本的严格控制，这类企业往往不愿意聘请外部的设计师或设计公司，而更倾向于依赖自己现有的内部设计团队完成所有设计工作。对于处在这一模式中的企业而言，设计不是用以发展产品或是经营，而是为了企业的基本生存。面对各方面的压力，企业只有转变他们消极的设计态度，才能够真正得到生存和发展。

案例企业 D

案例企业 D 主要生产各类个人文具，尤其以各类个人办公书写用笔为主。2002 年前后，这一市场竞争者少，企业仅以制造为主，产品打上自己的品牌标牌就能够取得较好的销售业绩；价格不是很高，一支中性笔 1.5 元左右，但市场总量很大，总体利润很可观。企业也认为这一价格和产品现状是国内消费者普遍接受的，无需再做过多的设计投入。

1996 年前后情况发生巨大变化：一方面，韩国、日本品牌的笔类产品开始大量进入中国市场，虽然他们的一支中性笔卖到 15~20 元，但由于其良好的设计与品质，产品仍然能够被国内消费者接受，尤其是城市白领和大学生一族，这样就大幅挤压企业 D 原有的高端产品市场；另一方面，浙江的小型企业及家庭式作坊大量出现，专门生产低价低质的中性笔，又快速占领企业 D 原有的低端产品市场。

迫于市场生存的压力，企业不得不投入资金建立自己的设计部门以提升产品的设计与品质。由于其单一产品利润太少，所以只能尽量丰富产品类别，增加产品种类。而有限的单件产品利润使企业无法支付设计外包的费用，选择自行设计就成为企业应用和发展设计的唯一出路。企业至今面对的生存压力依然很大，主要原因是其设计部门疲于应付大量设计任务，而缺乏提高设计竞争力的方法。企业全体上下都意识到设计的重要性，但是还无法找到有效的发展途径。

工业设计
发展者

这类企业往往具备积极的设计意识并把设计定义为自己的核心竞争力。然而，他们对于设计的理解还局限在执行层面或是功能层面，而非战略层，其设计工作通常集中在造型和产品的差异化上。他们虽然愿意对设计加以投入，但更倾向于通过雇佣各种外部设计资源来完成其大量的设计工作。在实践中，为了解决有限的内部设计力量和大量设计工作的平衡问题，企业往往把大部分设计工作都外包给外部设计师，内部的设计人员主要负责项目沟通和评估。

这一解决方式，确实使设计工作得以高效率高品质完成，企业也能不断从外部设计得到新鲜的概念与想法。然而，他们对设计的考虑局限在造型方面，品牌认知往往局限在产品上的 logo，而缺乏对品牌形象与识别的思考。最终，其产品在市场中无法被识别，难以脱颖而出。

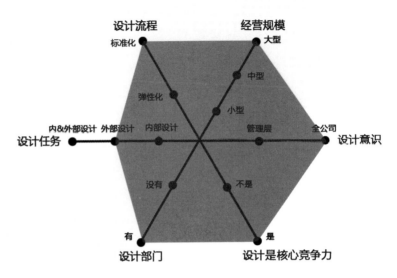

图 1-7　工业设计发展者

　　这类企业通常在该产品类别中业绩排名较前。一旦他们的设计知识与经验得以提升，就可以快速发展到下一个模式，即设计导向。否则，如果持续关注短期的市场与消费者得失，而缺少经营、创新、品牌与设计的系统化可持续思考，企业会逐步倒退，进而被市场淘汰。

案例企业 E

中国现在大部分家电企业就是这一类型的典型代表。以案例企业 E 为例，其从事各类家用电器产品的生产，产品种类覆盖油烟机、灶具、消毒柜、冰箱、小家电等。企业从发展初期就对设计积极投入，并以 OBM 的方式运营其国内市场。在发展过程中也十分着重累积自己的设计知识与经验，逐步建立自己的设计团队。

　　案例企业 E 在自身设计竞争力的发展上，把重点放在设计组织的管理层面，即内部设计师扮演项目经理的角色负责外包设计。这是由于企业的产品面广、差异性较大，但又都处于竞争激烈的家电市场中，对于造型更新的需求量也很大。

在这一情况下，如果企业要完全依靠自己的设计部门去完成所有设计任务，就意味着需要建立庞大的设计队伍，为不同类别的产品研发服务。相较而言，依靠自己有经验的设计师管理外部设计的品质，不但能够大幅降低设计的投入成本，也能够灵活地根据项目需求选择合适的专业设计团队完成。

这类企业与"工业设计追随者"模式中的企业状况很接近，唯一的主要差别在于此模式的企业是主动积极地发展设计，而"工业设计跟随者"模式的企业是被市场竞争推着发展的。

创新设计
发展者

设计在这类企业的经营活动中处于绝对的领导地位，并和经营战略、品牌战略密切结合。在执行层面，产品研发由设计引领，其他职能如市场、工程和制造被要求与设计密切配合。在组织层面，设计负责人有权对研发产品做最后决策。在战略层面，设计战略和企业战略被整合在一起。这一模式中的企业往往都是处于其行业中的领导地位。他们面对的主要问题是如何通过运用设计提升经营和品牌，而采取的解决之道是与专业的设计顾问公司合作以学习和提高自己的设计能力，获取新的知识、了解最新设计技术、学习先进的

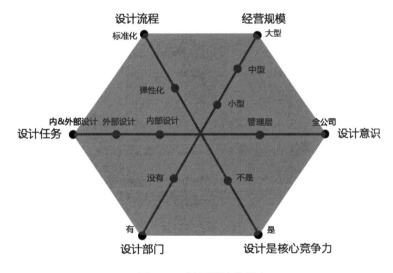

图 1-8 创新设计发展者

案例企业 F

以案例企业 F 为例，其尚在酝酿期就已确立品牌化经营战略，把设计作为核心竞争力去架构，并以此为中心制定所有发展规划。F 企业以经营自有品牌的家居生活用品为主，产品包括箱包、文具、服装等，并以自己的连锁品牌专卖店为主要销售渠道。2008 年 12 月企业建立第一家旗舰店，此前花了近三年时间做品牌定义、研究与规划。依据这些战略规划，企业进一步制定了设计的执行准则。第一间店开设之后，企业得到快速发展。2012 年初，其店铺已在国内发展到 50 多家，覆盖所有一线城市和主要二线城市。其品牌也被目标消费群体广为认可，成为国内该行业的领导品牌之一。

设计管理经验。他们所需要的设计服务不再是造型，而是规划、研究、组织创新、设计管理和品牌化。

企业 F 至今仍然用这样的方式在发展自己的经营与设计，即从战略层面规划设计的发展，再落实到组织与执行层面。设计在企业中的功能不但反映在每一个产品设计当中，更凸显在品牌的整体体验设计，诸如网络营销、店面环境、购物体验、客户互动等诸多环节。在设计团队建设上，企业不但有自己的设计团队，更强调对外部设计资源的利用。外部设计资源也被划分成多个层次，有产品设计服务的层面，即提供新产品创意；有产品组织及架构的咨询，即提供产品规划帮助；还有品牌发展资讯及战略层面的品牌发展规划的顾问服务。通过这样的方式，企业强调利用外部资源为其未来发展提供知识加成，以有效且清晰地把握未来工作重点与方向。

由于该模式的企业是在经营中真正从战略层面结合了设计的思考，并同自身的情况紧密联系，因此其发展设计竞争力的方式也是千差万别。在实践中，真正实现了与自身的行业特点、企业优势相结合，达成了不可复制的经营战略。

以上介绍的六个模式，也代表了设计竞争力和设计意识发展的不同阶段。企业所处的产业、产品类别、经营类别和外部资源，塑造了各模式设计管理的典型特征。最终可以发现，除了"无设计师的设计"模式是属于小规模产业、"工业设计应用者"模式是属于 B2B 模式这两个特殊情况以外，其他四个模式所代表的发展设计竞争力的途径是具有普遍性意义的。

1.2 创新设计力的发展途径

通过对比具有普遍意义的四个模式的主要特征、面临的问题与解决途径，一个三层级的发展路径得以展现（见图1-9）。而这三层级对应的正好是设计管理概念中的战略设计管理、组织设计管理和执行设计管理。该图也隐含企业发展自身设计竞争力量的四个参考途径。

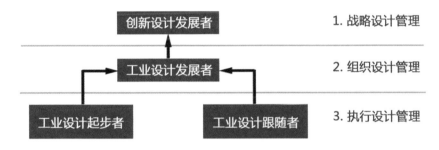

图1-9　企业发展设计力量的四个途径

途径 A.

"创新设计发展者"的规模增长

在我们的研究中发现，少量企业在其经营的最初就已处于"创新设计发展者"模式中，即已具备以设计为主导的思维方式和战略化思维。这类企业在成立初期规模有限，但由于有着清晰的设计力与经营发展规划，往往可以较其他企业得到更快发展并更容易取得经营成功。

途径 *B.*

从"工业设计发展者"转向"创新设计发展者"

"工业设计发展者"模式企业的设计思考，还停留在执行和组织层面上，关注的主要问题是如何有效管理设计团队和流程，如何通过与外部设计的合作高品质完成大量设计任务等。他们提高设计竞争力的要点在于把思维的重点提升至战略层面，并同经营和品牌发展相结合。只有基于这样一个清晰的发展目标，一个企业才有可能在结合他的自身条件、目标市场和竞争环境等因素的状况下，规划自己的设计组织与执行方式，最终才有可能发展到最佳模式——创新设计发展者。

途径 *C.*

从"工业设计起步者"转向"工业设计发展者"和"创新设计发展者"

"工业设计起步者"模式企业会积极发展自己的设计竞争力，然而因为其发展历史短暂且经营规模有限，所以不能过多地投资在设计发展上。因此外包设计是他们的一个主要解决方式，通过这一方式，内部设计师能够逐渐锻炼培养起来，并通过合作积累经验。随着企业经营逐渐发展，规模扩大，企业将会有能力投资建立自己的设计部门，从而发展为"工业设计发展者"模式，进而到"创新设计发展者"模式。

途径 *D.*

从"工业设计追随者"转向"工业设计发展者"和"创新设计发展者"

"工业设计追随者"模式和"工业设计发展者"模式企业都已广泛应用设计在实践当中,但是对十设计的态度是截然不同的。"工业设计追随者"模式企业是迫于市场竞争压力而被动发展设计,而"工业设计发展者"模式企业确实是积极主动发展设计。因此,企业如果希望从"工业设计追随者"模式发展到"工业设计发展者"模式,就必须改变其对发展设计的根本态度,从被动变为主动。只有这样才有可能通过设计促进企业经营的真正发展,否则居于现状很容易被市场竞争所淘汰。

本节介绍的发展设计力的模式与途径来自对我国中小企业成功经验的总结。这些研究成果不是来自理论或是专家见解,而是真实的企业实践;这些经验不是个别的实践或是想法,而是在实践中被验证的有效的解决途径,并且表现出了高度的相似性,因此被得以归纳在同一模式或途径中。任何企业可以根据文中提供的六个要素去定义自己的发展阶段,而不论企业处于哪一个模式当中,都有他需要面对的机会和威胁。

 我们将持续追踪这些企业的发展,去关注他们在未来的成功与失败;

 我们将通过案例展现的方式向企业介绍设计竞争力的模型与途径,帮助企业去有效的定义并规划自己的设计与创新发展。

通过参考这些模式和途径,一个企业可以快速有效地判断自己的发展阶段和面对的问题。通过参考文中提出的要素与基本特征，企业也可以认识到自己的优势与劣势、定义设计在经营执行中的角色、管理组织要素、有效创新。我们的研究还在继续。这些模式与途径不是固定的、一成不变的，而是动态发展的。他们会随着经济环境的变化与发展、设计实践的拓展、知识的累积而不断地发展进化。在本书后面的十章中，分别选取了我们多年追踪的十个企业，其成长和创新设计发展的路径都契合了我们研究所呈现的模式。这十个企业分别来自不同的产业和行业，都是从零开始创业的企业，在经过一段时间的发展后，都成为行业内的佼佼者。虽然，每个企业所处的行业不同，其成功的道路看似各有特点，但是，通过我们的创新设计发展路径的总结可以看到其发展与成长的许多共同点。希望这能够为中国更多的中小品牌创新带来宝贵的参考经验。

CHAPTER TWO ｜ 第二章

产品生态圈创新：小米科技

行业类别：移动互联网

企业名称：小米公司

成立时间：2010 年

企业规模：大型

创新设计发展模式：创新设计发展者

近些年，随着中国手机品牌不断地革新技术和提升设计，中国智能手机快速发展，手机生产集中化趋势明显，在全球智能手机市场话语权逐渐增大并已经形成较大的影响力。在中国市场，三星曾经的霸主地位正面临国产品牌的挑战，国产手机品牌已具备较强的产品竞争力，出色的营销手段也逐步获得中国消费者的认同，而品牌认同度也稳步上升。发达国家，如欧洲、美国和日本的市场趋向饱和，发展中国家如中国、印度市场上涌现出越来越多价格适中、功能更加丰富的高性比价智能机型，这使得全球智能手机的前沿阵地正逐步向中国、印度市场转移。2013 年全球智能手机销量接近10 亿部，2014 年上半年，中国智能手机市场销量接近 2 亿部，其中上升最快的手机品牌是小米。

从手机起家，到发展一系列智能硬件的生态圈，小米只用了短短的 4 年时间。易观智库数据显示，2014 年第 2 季度，小米跃居中国手机市场第二位，市场占有率仅次于三星，差距小于 2%。根据小米的官方数据，2014 年上半年，小米共计销售了 2611 万台手机，同比增长 271%，含税销售额约 330 亿元，同比增长 149%。这一数字超越了 2013 年的全年总和。另外，小米对外宣布 2014年的手机出货量目标是 6000 万台。按此估算，小米 2014 年全年的销售额约 758 亿，相比 2013 年增长 139.87%。而 2013 年小米出货量又相比 2012 年增长了 160%。小米手机操作系统 MIUI 积累了超过 7000 万的用户，小米移动电源 2014 年预计销量近 2000万台。这意味着小米已经从手机行业发展成为以互联网为基础、结合软件体验的智能硬件公司，并处于高速成长期。

2.1 从产品到生态圈

创新历程

小米的风口理论是："站在风口，猪都能飞起来。"风口理论的解释是：一定要找一个用户最多、最丰厚的市场，要做一个很多人用的东西，要在风口！因此创新初期阶段的硬件风口就是手机。

"被互联网化"是 21 世纪中整个世界、所有人都必须面对的趋势，而这包含了两个层次的内容：第一步是内容的互联网化，即软件、信息、沟通等的内容全部和互联网连接；第二步是硬件的互联网化，即围绕我们的现实世界的所有物品都将和互联网连接。正是认识到这样的发展趋势，小米从一开始就明确定义其发展战略为"以内容为中心，而非硬件，因为所有的硬件都可以改造"。综合两个层次的内容与目标，生态链产品成为了小米在产品部分的主导发展思路。

雷军一开始对于小米就有宏伟的目标，即"让每个人都享受到科技的乐趣"。尽管在成立之初就有着这样清楚的认识，但是在实际的运营和发展中，公司每个部门的成立又是因实际情况和发展阶段来规划的。这就像是一个人对自己的最终目标是可以明确设定的，但是达到这个目标的具体步骤必须要根据实际的情况来实践。为了实现这个目标，小米的产品创新经历了三个阶段：手机→电视与盒子→路由器和生态链。

做大众能够消费得起的高性价比智能手机就是能够让自己生存并且强大的产品。对于一个没有过多制造经验的企业而言，整合手机的

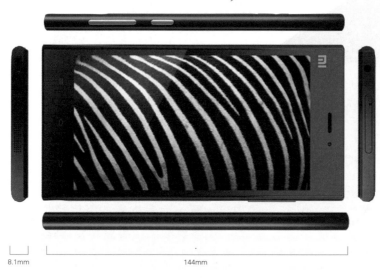

图 2-1　第一阶段的核心产品：手机

图 2-2　第二阶段的核心产品：电视与盒子

过程是非常痛苦的，但也是一个快速学习与成长的过程。在手机这一初级阶段之后，小米要再次起飞成长就必须要找到一个不亚于手机并且面临变革的市场，在分析了背景、时机、目标之后，小米选择了"电视＋盒子"。因为电视拥有家里最大的屏幕，而小米可以通过设计把整个电视智能化，赋予其互联网的内容。从此，小米进入第二阶段，这不仅仅意味着小米多生产了一种产品，更代表视野和边界已经从移动互联网拓展到了家庭，市场也从手机扩展到家电市场。第三阶段是从 2013 年开始，即"路由器 + 生态链"的发展阶段，这意味着今后的产品将不再是以某些独立新品的面貌出现，而是系列化的产品。小米的生态链模式将从自己单独做发展成跟大家一起做，从单一产品的独立发展转而到搭建整个生态系统，包括产品的生态系统和产业的生态系统。

如今同时具有二个阶段创新产品的小米，其业务已经形成"核心业务 + 生态链"的模式。核心业务包括三个阶段的核心产品：手机、电视及盒子、路由器。在做核心产品的同时，也要发展新的、有潜力的、能让小米成功的产品。在核心产品之外，衍生出一系列的产品，形成一个基于"互联网和智能布局"的大生态系统。这些生态链产品包括小米充电器、耳机、手环等。因此，为了高效率的创新、快速进入新市场、最大化利用资源、减轻管理负担，小米成立了生态链团队。

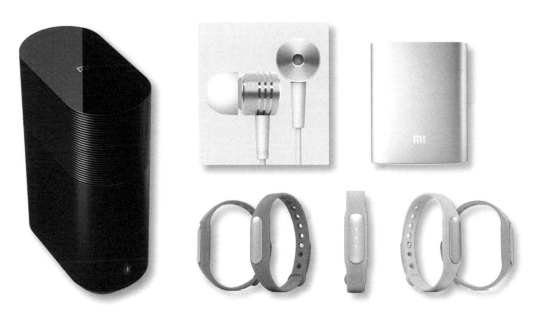

图 2-3 第三阶段：以路由器为龙头的生态链产品

创新是小米的核心竞争力，从成立至今的 4 年时间里，企业虽然尚未形成引导设计或者科技潮流的主流力量，但是已经成为市场公认的极具创新活力的企业。小米的创新设计理念贯穿了不同的产品发展过程。不论是什么阶段、什么类型的产品，其创新都秉持着 3 个设计主题：

以 MIUI 系统为例，其针对中国本土特点做了非常多的应用优化，至今已发展成为安卓手机里面最易用的系统，能够极大地提升用户的体验感。MIUI 分为针对发烧友用户的开发版和普通用户的稳定版。从 2010 年诞生，到 2014 年 8 月，MIUI 系统共积累了超过 7000 万用户，升级了 6 个版本，有了 28 个语言的版本。最新一代 MIUI 6 提出内容才是本质的设计原则，专注在内容的设计，并且让设计与情境融为一体，强调自然的设计才是好设计。同时采取去除装饰性设计，简化层级，并将这个理念在界面设计、色彩环境感、动画效果、图标提炼方面进行尝试。以指南针应用为例，开启指南针应用程序，平放在桌面上，指南针在表盘上显示方向，将手机抬起时，指南针表盘渐渐隐去，取而代之的是实景和方向，界面设计与"内容"无缝重合。

不做多款，
只做爆款

小米的创新由点来汇聚，越聚越多，连成线和面，最终就会出现创新的效应。传统企业做产品，同一个功能产品，做几十个型号，让消费者去挑。小米恰恰相反，所有的产品都很聚焦，每个产品都是花很大的精力和时间，集中最优最好的资源，只做一款，把品质做到最好，做到爆款。也正是这样集中优势资源，专心做好单一产品，并以用户体验为设计主导的战略，使小米的每一款产品都能够打动目标消费群且赢得市场的成功。而这样的战略体现在小米发展至今的各代核心产品之中。

小米手机的设计目标是整合市场上最具代表性的功能、最高性价比的硬件配置。但是由于初期对于设计缺乏足够的重视，在第一代小米手机时仅强调："没有设计就是最好的设计"，追求的是"不能有人不喜欢"，因而产品的材料工艺设计简单，容易给人廉价的感觉。小米过去三代智能手机的硬件、外形设计、工艺一直被视为其硬件制造的短板。直到小米第四代产品着重于手机的工业设计，采用不锈钢金属边框，光栅纹后盖等设计亮点，才快速发展并在市场上站稳脚跟，进而以此为基础推出差异化产品：红米手机。

以"打造年轻人的第一套家庭影院"为目标，小米电视精简了配备、优化了用户操作体验。在其核心功能上配有4K屏幕和顶级背光模组。与传统电视机音响内置的设计不同，小米电视的音响配备6只全频扬声器和2只高音扬声器的外置声霸，还有1个外置无线低音炮，搭载杜比虚拟环绕技术，并且支援外部讯号，可播放手机、平板、电脑等装置的音乐。与传统的智能电视不同，小米电视真正将智能与电视融为一体。MIUI的TV系统，用户打开电视，可随时点播高清电影、电视剧，更有蓝光、3D电影专区。小米电视内部设置游戏商城和应用商店可下载近百款游戏及丰富应用，如微博，股票等。遥控器采用蓝牙传输，只具有11个按键，比起一般电视遥控器简洁许多。当找不到遥控器时，可以轻摸电视机，遥控器就会发出声响。使用者不但可以透过手机进行操作，小米电视也会将即时资讯反馈至手机屏幕。

电视+盒子=家庭互联网化

手机：高性价比+工业设计

路由器：智能家居的大脑

小米盒子是一款高清网络机顶盒，是诸多网络视频的集成播控平台，为用户提供高清网络电影、电视等。小米盒子的一个贴心功能，是通过它，用户可以把小米手机、iPhone、iPad和电脑上的图片视频无线投射到电视上。

小米路由器同时具有路由器、本地云存储、智能家居控制中心的功能。路由器装有独立外置信号放大器，有效加强信号的强度与穿透力。本地存储功能相当于小型家庭服务器，内置1TB大硬盘，可以存储电影、照片、音乐、文件等多重类型内容。用户可以远程访问，脱机下载，自动备份。在工作的时候，就可以选定想要看的电影，远程下载，在路上用移动设备，或者下班回到家里就可以看高清电影了。智能家居控制中心的功能可以让家里的空调、电视、甚至电灯都智能起来，并根据自己的生活习惯定制智能场景。另外，小米路由器的设置非常简单，只需两个步骤，与传统复杂的文字解说不同，用图形化的操作模式。用手机应用就可以随时随地查看路由器状态，一键诊断、排除故障。

生态系统中的创新团队

和传统企业建立自己的研发团队不同，小米建立的是生态链团队，而其最为主要的工作就是寻找最优秀的创业产品和团队，并与其展开合作。

秉承产品的生态链和经营的生态系统概念，小米的创新团队也是在寻找和发展创新资源，建立生态系统的过程中快速地建立起来。正是这样一个非传统的意识和实践模式，使得企业可以在短短的时间里涉足广泛的产品类别，发展成功的核心产品。

这些创业型企业和团队能够为小米提供团队、技术、产品，而小米则会提供投资、资源和指导，尤其是小米已经具备丰富成功经验的工业设计、生产、供应链整合等方面的指导。同时，小米也会和他们共享供应链体系、自动化生产和销售平台。小米以入股创业公司的形式与这些团队合作，成立的创业公司相对独立地进行开发，最终销售利益双方共享。通过这样完全开放式的创新合作模式，小米计划将在更广泛的产品领域拓展其生态链产品。而这正是在经营层面继续贯彻其 3 个设计主题：

1)	**2)**	**3)**
集中优势资源	提供功能整合性强的高性价比产品	关注本土用户的使用及易用需求

而这样的拓展方式已经在初步发展的一些第三阶段产品上得到了有效的实践。比如小米下属公司紫米设计的移动电源，配备全铝合金金属外壳和高品质电芯，1 年销售2000 多万个，重新定义了移动电源市场。下属公司华米设计的手环，使用军用传感器，30 天超长续航，可以记录每天的运动数据、行走距离、热量消耗以及睡眠数据。可以蓝牙实时同步至手机应用，为用户分析运动睡眠数据，提供健康意见。同时用户还可以把这些数据分享到微信、微

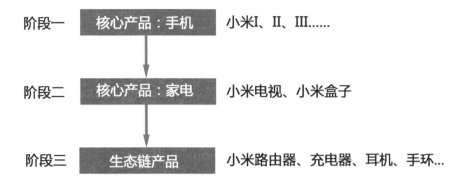

图 2-4　小米生态链产品发展阶段

博等第三方平台。除了记录功能，还有来电提醒功能。小米手环超低的价格会让更多人愿意尝试，并最终重新定义手环市场。

从小米手环开始，小米将会把生态链的模式迅速、大规模复制，尽可能快地进入更多市场。预计在未来的3年内生态链团队会投资50～100家企业。这些团队都有自主权，甚至可能成长为小米这样的体量。

而在充分发挥利用社会创新资源的同时，小米生态链对产品的选择也有一些规则与把握。

第一　　不关注概念而关注产品本身，比如智能家居、车联网、物联网等概念并不是生态链选择合作伙伴的优先关注点，企业更加专注在一个具体的产品，通过评价产品的价值和创新性来衡量这样的产品是否对社会普通消费者有用，是否可以让更多人以更低的价格来享受。

第二　　产品是否有效地整合了软件、硬件、互联网。

第三　　团队是否具备有效的执行力和沟通能力以及开放的心态。

只要具备了以上3点，小米都愿意与其合作，使其产品纳入到生态链的轨迹中。

2.2 硬件 + 软件 + 服务 = 整合式生态圈

　　生态链既是产品范畴的概念，也是平台的概念，即对于服务链整合应用的平台。从小米手机开始，企业打造的服务链就是依托"硬件 + 软件 + 云服务"来实施的。而硬件、软件、服务、口碑共同建立的就是小米的整合式生态圈。其中硬件是最基本的部分，是功能的载体，而小米在硬件方面已经具备很成熟的解决方案。但真正的硬件发展必须依托软件的支持，而小米团队通过其丰富软件经验与互联网的结合重新定义了硬件发展的思路。例如，依托 MIUI 和相关的应用市场与移动互联网的增值使得小米手机的关系链在其上得以延伸和及时互动。通过云服务，数据得以实时传输，就可以更好地整合硬件一体化体系，形成硬件、软件、云服务的整合式生态圈。就现阶段的产品发展而言，这样的整合表现在 4 个方面：

系统应用整合 **云服务整合** **家庭影音娱乐整合** **智能家居整合**

MIUI 整合了各种 数据同步 电视 + 路由器 以路由器为入口
系统类的资源

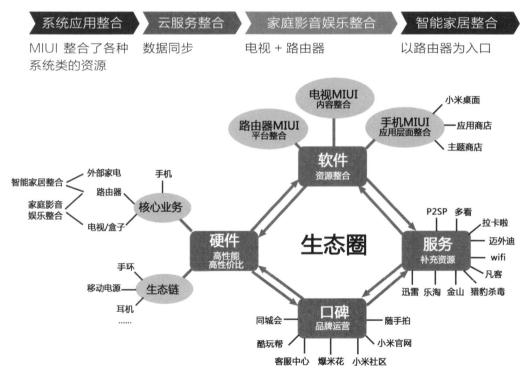

图 2-5　小米的整合生态圈系统

系统应用整合

MIUI 整合了各种系统类的资源。如通过用户标记和合作伙伴号码数据库，MIUI 手机系统已可识别将近 50% 的陌生电话，用户可以预知屏蔽潜在骚扰电话。除了电话识别，小米黄页将服务内容可视化，这分为两个方面，一是拨打电话过程中的语音菜单可视化，二是不拨打电话，直接在企业黄页寻求服务。针对前者，MIUI 已深度定制了常用的服务号码，覆盖了用户近 50% 的呼叫需求。针对后者，小米引入了 20 余家服务提供商，包括快的打车、大众点评、申通快递、58 同城等服务商，用户可以在小米黄页享受充话费、寄快递、买火车票、打车、找代驾、医院挂号、买电影票等服务。

云服务整合

云服务整合的最大贡献在于各类数据在系统中的同步。MIUI 的最新版本 MIUI 6 也对云服务做了优化和改善，支持联系人、短信、相册、WLAN 设置、APP 数据、音乐、录音机等 10 大类数据同步。还支持浏览网页、视频等跨设备数据实时同步。同时用户不仅能在系统自带的金山网盘同步内容，还可以和小米路由器内置的 1TB 硬盘来实现本地同步和备份。

**家庭影音
娱乐整合**

小米电视和小米路由器整合形成了家庭影音娱乐系统。小米电视的 4K 高清内容建设通过小米路由器实现，用户可以先将影片下载至小米路由器进行缓冲，播放影片时就不会因为 4K 影片偏高的流量造成播放不顺。此外小米电视可将手机、平板电脑或笔记型电脑的影音，直接传送至小米电视播放。此外，小米电视还相当于电视 + 小米盒子 + 安卓游戏机的组合，作为家庭里最大的一块屏幕，可以看电影、玩游戏、上网，真正成为家庭娱乐的中心。

图 2-6　以路由器为核心的智能家居控制中心

智能家居整合

以路由器为智能家居的入口，连接家用电器，整合家庭信息服务资源。可以实现 3 种模式：

起床模式

提前设定好的起床灯光（亮度、色温）；自动打开电视调到早间新闻频道。

外出模式

小米路由器会自动识别用户的手机是否和家中的 WIFI 连接上，当用户离开 WIFI 的有效连接距离后，家中设定好的电器将会自动关闭；另外用户还可以通过小米路由器 APP 控制家中电器（如智能扫地机器人）工作以及远程下载心仪的电影等。

回家模式

和外出模式类似，当你的手机连上家中 WIFI 之后，小米路由器也可以自动识别，从而将预设好的家用电器打开并调节到预定模式。同时，为了降低家庭自动设备的研发门槛，也减轻了家庭采购的成本，现有非智能家电，也可以通过接入小米 WIFI 模块的方式，将电器快速无缝的接入小米路由器以及整个小米智能家居体系中。比如把 WIFI 模块连接在传统榨汁机的控制电路中，就可以成功改造出智能榨汁机。

2.3 成功的盈利模式

降低成本：
成本结构的革命

从小米的第一款产品小米1手机开始，高性价比始终是其产品在市场被热议的话题。和具备类似功能的智能手机相比，小米手机的售价降低了40%，这是小米成本结构革命的结果。一款手机的基本成本由生产成本、营销费用、渠道成本三项构成，而由于传统中国手机品牌对生态圈建立不重视，他们往往只靠这三项成本的有限压缩控制成本，以价格战和配置的性价比来吸引用户。而小米手机在其运营中通过销售规模、互联网营销模式、网上销售渠道，大幅降低生产成本，并把营销和渠道成本压缩到极低。就总体生产成本而言，小米的产品在研发、生产、销售过程中投入高，因此在前期销售中利润极低，甚至是赔钱的。但是，因为聚焦单一产品的战略使得其产品往往最终能够到达千万级的单品销售规模，这样就大大降低了单件产品分摊的前期研发成本，使得后期销售利润大幅增长。在销售环节，小米手机除了运营商的定制机外，大部分通过小米官网、天猫和其他电商平台销售，线下只有少数体验店，这样最大限度地省去中间环节的费用，又大幅降低了产品的营销成本。通过互联网直销，市场营销采取按效果付费模式，运营成本大大降低。三者的结合，才能降低小米的销售价格，把价格降到最低，配置做到最高，从而"让所有人都享受科技的乐趣"。

| 应用商店 | 主题商店 | 小米云服务 | 小米桌面 | 小米系统 | 小米手机助手 |

图 2-7　MIUI 实现变现率的途径

增加利润：
以用户体验为
基础的高变现率

小米能做到低价、高性能的另一个原因是，与国内传统手机品牌通过销售硬件，国外手机品牌通过销售内容和服务赚钱的模式不同，小米是通过吸引大量用户，产生变现率来获取利润。传统以销售硬件盈利的手机品牌在将手机售出之后，跟消费者的关系就斩断了，因此只赚到销售硬件的利润。而小米在手机设计之初就引入用户参与，保持产品的透明度和良好的口碑，与用户建立亲密的关系。从第一代 MIUI，小米就牢牢扎根于公众，让其中最有代表性的、最苛刻的发烧友参与开发。每周发布新版本供用户使用，开发团队根据反馈的意见不断改进系统，提升用户体验。此后的小米手机、电视、路由器皆如此。而且还鼓励用户、媒体拆解手机进行公测。数十万人的发烧友队伍成为口碑营销的主要力量，小米初期的口号"为发烧而生"因此而生。从发烧友用户开始，为了吸引并留住更多普通用户，小米不断完善产品性能，提升用户体验，完善生态圈，让用户依赖小米的系统，信赖小米的品牌。在海量用户的基础上，小米用互联网模式变现。比如，路由器设置了数据关卡，任何数据都将经过小米审核才能发布出去。想要在路由器上发布的软件，想要加入小米智能家居的家电厂商以及和小米黄页合作的企业等都能为小米贡献利润。同时，由于小米用户基数巨大，路由器控制生活和工作入口，即是家庭及办公场所互联网数据的大门。通过它，小米将获得海量数据，供分析和运营，而这些都是小米在普通消费者以外的收入来源。

从成本的降低到高变现率的实现，看似都只是企业经营战略的布局，但事实上处处充满了小米对于设计思维的创新理解与应用。就成本控制而言，由于设计思维带来的系统解决观念，使得成本的概念不再局限在传统的生产成本或是营销成本等单一的层面，而是综合各类的优势与特点共同实现。仅就产品生产成木控制一项，也摆脱了传统的原材料、人力成本、产量等要素的削减战略，转而用聚焦产品概念进行整合。另一方面，在收益的部分，小米强调的变现率体现在各个方面的收益机会的创造上，而这些收益点的核心基础就是用户体验设计，通过设计好的用户体验，增加用户的接触点和黏性，因此为形成大基数的用户量奠定了牢固的基础。

2.4 弹性的设计力

明确的设计原则

小米从 0 到 1，可能设计没有起到最重要的作用，但是从 1 以后，设计将会贯穿始终，变得非常重要。小米的 8 个联合创始人里面有两个是学设计出身，而且小米发展至今都非常注重功能定义和用户体验。因为小米建立的时间非常短，其设计水平和国际顶级企业还存在一些差距，没办法累积深厚的设计基础。但是小米已经很清楚地认识到这一短板，并在努力发展设计。

小米做的绝大多数产品都是大众消费品，秉承 3 个创新的原则，设计也有着其清楚的要求。首先，设计不能过于另类，要符合大多数人的审美。其次，在整个产品创新的过程中要有硬件创新和软件创新，硬件创新分为结构创新和设计创新。设计创新要承担几个重要的任务，包括：第一，完整的实现产品的意图和设计；第二，很易用，能够让用户方便使用；第三，具有设计的美感，让用户感到愉悦。这些是小米共性的标准，已经被明确的定义并执行。

在小米看来，任何一个公司的发展分为两个阶段，从 0 到 1，关系着公司是否能成活；从 1 到 100、1000、10000……意味着这个公司的发展。

扁平化的创新组织

虽然互联网只发展了短短十年，但是已经有了传统互联网和新互联网的分隔。小米采用扁平化的管理模式，是一个面向未来的新互联网概念的管理方式。这一方式相信管理不是通过对人的约束来驱动事情的完成，而是将每个人的工作明确，权力高度下放，只需要对工作负责，不需要KPI考核。

企业的组织结构基本上只有3层：

第一层 由8个联合创始人组成，他们来自金山、微软、谷歌、摩托罗拉等5个不同的地方；

第二层 是团队领导者，如总监、高级工程师；

第三层 是工程师、设计师。

小米有着众多非常有经验的工程师，因此很多决策都下移到工程师来决定。核心业务会被拆分成很多小项目，有不同的团队负责，也有很多虚拟团队，穿插在其中。每个团队15个人左右，效率非常高，没有逐层上报审批的过程，工程师和设计师享有非常大的自主权。比如MIUI是由很多APP和基础功能组成的，每一个APP和基础功能都是一个这样的团队，但是他们的目标都是一致的，就是让功能变得更好。手机的硬件、电视的软件与服务，也都是这样研发设计的。这种管理是高素质人才自我驱动型模式，目前在国内能够实现这种模式的公司很少，同时这种管理方式也很冒险，需要员工的自觉性和能动性。

而这样的管理模式正是支持小米快速实现创新想法的基础。企业里的任何一个人如果有创新的想法，只要这想法是具备可行性的，就可以进行游说，争取前段研发等同事的支持，当通过了评估，合伙人拍板后，就可以马上在小米汇聚到想要的资源，并且推动项目的实现。小米的管理制度让每个员工的创新能力极大地发挥出来，创新从想法到实现的过程也比较简单。当未来面对更复杂的竞争和环境时，他们也具有充分的创新力和可能性，并且创新想法会持续不断地涌现，不会被制度束缚。

小米目前除了电视有自己独立的设计部门之外，其他核心产品和生态链都是共用一个工业设计平台，包括工业设计部门、手机设计部门、CMF（Color，Material and Finishing，色彩、材质和工艺的缩写）部门。小米的核心产品和生态链产品都可以在工业设计平台上获得服务，但是像用户界面和用户体验的设计师则大量分散在不同的部门里面，成为小米在智能、软件方面的人才储备。

小米的未来是为人人享受科技乐趣的生态系统，应该不是一个航空母舰级的企业，而是众多小企业组成的集群、系统、生态。这是因为从经营的一开始，小米就设立了一个系统而又完整的生态圈概念，并以此为平台，逐步发展其组织结构、生产、运营、服务和品牌等方方面面。这是和我们看到的许多其他企业与品牌的发展路径截然不同的地方。毫无疑问，就其创新模式而言，在企业创立初期就属于创新设计发展者的角色。而在开放型组织建设、用户体验设计、资源拓展等方面，小米都有着极大的发展灵活性，并创造了许多新的空间。这为面向互联网、大数据时代发展的其他企业提供了很好的思路参考与实际路径。

第三章｜CHAPTER THREE

用户创新：宜准智能运动科技 EZON

创新设计发展模式：由工业设计起步者到创新设计发展者

近年来国内外智能手表品牌的销量每年均持续增长，2014 年第二季度全球智能手表销量共 70 万只，其中 73.6% 为三星电子 Gear 系列，Pebble 和索尼位列第二、第三位。苹果公司也已经进军智能手表市场，未来智能手表市场竞争势必越发激烈。同时，随着新科技的迅速换代，智能硬件和可穿戴产品的使用门槛会越来越低。但国外智能手表的设计多基于外国消费者的语言、习惯和生活方式，缺乏贴近中国消费者的本土化体验。由此可见，我国的智能手表市场存在很大的增长空间。但由于国内相关技术力量薄弱、设计思维欠缺、品牌号召力较弱，导致产品的市场接受度和品牌认识度较低。如果国内品牌能够发挥贴近本土市场的天然优势，提升科技和设计创新能力，把握中国用户的需求，仍然前景广阔。作为"智能运动表的领跑者"，宜准就正在这条道路上前行。

宜准创建于 2003 年，以为运动爱好者设计功能强大的智能运动手表为目标。从一开始企业就相信科技应贴近生活，设计应注重体验，两者的结合可以为人们提供更方便、更有趣、更具活力的产品，让运动变得更科学。宜准目前的销售渠道遍及全国（包括港澳台地区）近 30 个城市的 200 个专柜，而工业设计始终是其关注发展的重点之一，并获得诸多大奖与荣誉。

3.1 两条腿走路：OEM+OBM

宜准是一个典型的由代工制造起步发展自有品牌的企业。2003 年成立初期专门从事精密钟表的制造和出口，由于产品质量优异，长期稳定地为多家国外企业生产手表为主的产品，企业因此得到了快速的初期发展。

但是，随着人民币的逐步升值，生产成本不断提升，利润空间缩小，宜准发现仅仅依靠代工无法积累有形及无形资产，并且对于企业长远发展而言该路径过于单一。因为只依靠产品生产而形成的质量和价格的竞争优势无法和同类企业形成差异化，一旦外界出现不稳定因素，企业就需要增加代工费，品牌客户就可能转而寻求其他便宜的代工企业委托生产，公司就会失去订单。

因此，从 2008 年起，宜准就开始思考转型，建立自己的品牌。只有这样，企业的无形价值才会累积，尤其是品牌价值。但是，公司也同样清楚地认识到，品牌建立是一个长期的过程，它需要企业在思想观念上的转变、高层管理团队的统一认知、全新的战略规划和全方位的投入。为此，公司开始了悉心准备，从组建产品研发设计团队、营销渠道等一步步开始。在拓展品牌发展资源的同时，企业调整布局，把新建立的品牌发展资源和已有的精工制造基础、技术研发、生产制造等优势紧密结合在一起，建立一个牢固有机的创新系统，让创新和品牌发展不止是空谈，同时也大大降低了品牌建立的风险。

经过近三年的准备，公司在 2011 年年底发布第一款宜准自同时宜准也认识到发展品牌、提升设计和创新能力，与代工模式并非完全对立。企业需要根据自身情况、市场环境、竞争格局等方面考虑两者兼顾，即创造自有产品品牌的同时也发展制造服务品牌。

代工保障企业收入稳定，在品牌建立初期确保投资降低风险。品牌发展后，知名度的提升也为宜准生产带来了新的客户。

有品牌的户外运动功能表，并于 2012 年推入市场。这款产品为户外专业运动设计的功能表，以登山为主，面向的也多为户外爱好者，因而市场比较狭小，影响企业发展速度。为了拓宽市场，2012 年企业开始研发智能运动手表，开发跑步系列，成功吸引了大众消费者，也创造了更大的市场空间。宜准再接再厉，2013 年开始陆续推出行走健步运动表 S 系列和越野跑步运动表 G 系列。时至今日，宜准成为为数不多的专营自主品牌智能运动手表的国内高新技术企业，其产品在市场上受到用户的好评。而这些成绩都和企业在产品、品牌和用户研究中关注设计、积极运用设计密不可分。

即使做代工的企业，也可以通过技术创新，提升生产水平和效率，改进工艺和流程。因此品牌和代工这两条道路都是宜准坚持的。品牌为企业积累无形资产，增加产品溢价，提升利润率。

3.2

以用户为主的品牌价值创造

品牌基因的
定义与应用

在宜准创立品牌之初就已经明确了品牌主要基因：运动精神、精密制造技术、互联网科技，而品牌塑造的过程就是这三个基因融合于产品创新的过程。精密制造技术是企业在 OEM 阶段累积的优势，因此作为一个主要基因延续在自有品牌的创建中。互联网科技是企业在选择品牌化发展道路时就确认的未来发展方向，即在互联网时代，手表等计时产品必须要考虑和互联网、大数据等技术的结合与运用。第三个基因是运动精神，这也是企业在做品牌定位时特意选择的差异化品牌战略，即在面对大众消费者的同时，更加强调产品在运动功能上的满足。正是通过这三个基因的融合，宜准开始建立自己差异化的品牌战略。

在执行中，这一品牌战略被给予进一步的定义，即质感智能运动表。其中质感是统筹这三个基因的关键词，包括美感、动感、功能专注、使用性能、产品细分和智能。直觉上的美感包括产品的外观、材质、工艺和包装，网站的页面、交互体验以及实体店里的宣传与展示；动感指的是活力的风格；功能专注指的是关键功能的极致化和简化；使用性能关注的是方便、有趣；而运动精神则反映在运动手表的细分市场；智能则是基于各项互联网技术应用的集中体现。

与其他品牌智能手表，针对所有类型的消费者只推出单款设计的理念不同，宜准选择的是一条差异化之路，专注于运动，力求打造给用户带来极致体验的智能

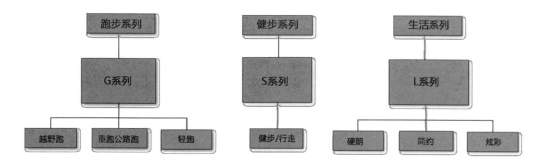

图 3-1　宜准产品系列分类

运动表。宜准的智能手表分为三个系列，包括跑步系列、健步系列和生活系列。其中跑步系列为 G 系（G1、G2 等产品），是为专业跑步选手和资深跑友等小众用户设计的，适用于越野跑、重度公路跑、轻度跑步等模式。健步系列为 S 系列（S1、S2、S3 等产品），适合非专业程度的运动体验，包括健步和行走，针对大众用户。另外生活系列为 L 系，更加注重和时尚的结合，推出包括硬朗、简约、炫彩等风格的产品，更加着重于生活中的使用功能。

图 3-2　G 跑步系列产品

图 3-3　S 健步系列产品

硬件 + 软件 + 体验
= 个性化定制

宜准的运营模式是以运动管理为核心的价值平台塑造，这是整合了硬件、软件与体验三位一体的平台。其中硬件是指智能运动手表；软件指手机应用和内容；体验指社交化的运动体验。其商业模式基于互联网、物联网、云计算等网络时代技术特点，为用户提供综合的运动数据感知、个人运动管理、运动社区服务。这样的整合价值平台为宜准所有的产品建立了以用户为中心的体验平台，而面对不同用户的差异化需求，宜准在不同的产品线可以灵活地组合及选择功能。

这样，在把握了核心技术、统一的体验平台、运作体系的基础上，以良好的制造技术作为产品品质的保障，通过差异化的运动管理真正实现对各类用户的差异化体验，即真正实现产品的个性化定制的功能与体验。

以本土用户需求
定义功能模块

在运用设计上，宜准从品牌产品发展的初期就不只局限于对产品外形的关注，而更多的是从用户体验的角度去了解和分类不同用户的需求。对于用户需求的关注是宜准发展自有品牌和产品的重点，他们通过对于消费者的细致研究，最终定义出自己的目标人群，即运动人群、手表人群。他们正处于事业上升期，生活逐渐步入正轨，但开始感觉到身体机能下降，并需要不停地满足事业和家庭的客观要求，对人生的目标感和成就感逐渐"疲软"。他们想通过运动开始一段自我发现的旅程，坚持自己的人生选择，获得新的人生动力和高品质生活。

以此为基础，企业划分了产品系列、功能分布、体验模式。此外产品还提供了久坐提醒、运动提醒、来电提醒等功能。这些功能的设置都共同具备以下特征：

1 来自普通消费者的需求，即可以满足大众用户的功能需求；

2 适合中国用户的使用特点，即具备本土化特征；

3 适合目标定位人群的需求，即该年龄层关注健康的人群，而多数是从事办公工作的人。

这些功能作为基础，提供了大众用户所需要的多元化关怀，且包括日常生活、社交等方面的需求。

互联网
同步的数据体验

基于互联网和大数据的技术应用，宜准智能手表的运动感知设备通过GPS定位功能获知用户的位置信息，并将这些信息同用户的运动数据一并存储在手表和电脑的数据管理系统中。用户只要开启手表的蓝牙功能，手机会自动搜索到手表，选择添加设备，将数据上传到手机应用中，用户可利用宜准的手机应用，在数据中心查看所有可视化信息，包括运动计步、运动速度、运动轨迹、高度测量等信息。使用者可以知道每日运动的总步数、总距离和运动消耗的总卡路里，用户运动会更加科学健康。同时，这样的用户体验使得用户更容易管理自己的日常生活和运动，可视化的界面设计，使这款智能手表不疏于市场上任何一款同类产品。而凭借优秀的品质和有竞争力的价格，使得宜准的智能手表独具竞争优势。

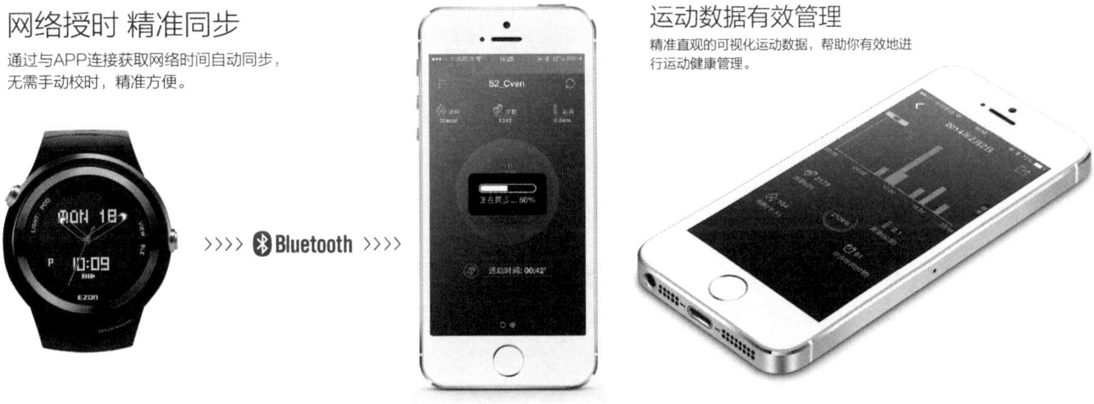

网络授时 精准同步
通过与APP连接获取网络时间自动同步，
无需手动校时，精准方便。
Bluetooth
S2_Cven
运动数据有效管理
精准直观的可视化运动数据，帮助你有效地进
行运动健康管理。

图 3–4　S 系列数据同步

在满足本土用户需求的同时，宜准创造的独特用户体验改变并优化了用户的跑步模式。通过应用程序开发了跑步的社交功能、个人运动计划制定、跑友圈等。用户可以利用GPS定位跑步轨迹，并使用运动签到功能与朋友分享，邀请更多朋友参加，把枯燥的独自跑步变成和朋友互动的内容与机会。制定个人运动计划的功能让运动不再是一朝一夕的行为，而是长期的坚持。跑友圈的功能，可以让用户们分享运动的成绩，如步数、距离、消耗卡路里，还可在线提问、互助、约跑。运动成绩也可以在微博、微信、宜准社区等第

图 3-5　G 系列跑步轨迹数据图

跑友圈

跑步爱好者的专属交流平台，
与兴趣相投的朋友们海阔天空。

图 3-6　社交化运动体验

三方平台分享，便于和朋友交流，互相激励、指导。从宜准的跑友圈，扩大到互联网的跑友圈，同时附加推广宜准的品牌认知度，形成口碑效应。信息功能便于宜准用户发送和接收其他跑友的信息。活动功能让用户及时了解线上和线下的活动，商店功能让用户可以在线购买宜准的产品。

3.3 面向品牌的设计力塑造

> 从代工制造到自有品牌建立，对于宜准来说，最大的转变就是建立品牌战略、投入设计资源。因此，在品牌战略发展的初期，整个公司从管理层到普通员工就很重视设计，每一款产品的研发从立项到最后决策，都受到管理层的特别重视。

设计助力转型

从 OEM 到 OBM，并不只是运营模式的改变，促进和支撑这一转变的关键是设计。在发展自身设计认知和力量的时候，宜准之前的代工经验对转变思想及认识到设计的重要性，也产生了很大帮助。面向代工生产业务的宜准需要根据客户需求进行生产，在双方深入接触的过程中，生产团队和客户的设计师团队进行了广泛的沟通，使宜准逐渐认识到设计的价值，并学习到客户管理和应用设计的经验。

在代工业务的基础上，一些客户也开始向宜准寻求代设计的服务，这也使得宜准逐渐积累了设计创新的能力。通过前期业务的累积使得作为代工企业的宜准在设计和制造方面都能够在钟表精密制造行业处于领先地位，并赢得大量出口订单，以外销市场为主。在与国际同行的频繁交流切磋中，宜准的管理层和普通员工进一步加深了对设计创新的认识，这也为企业进入自主品牌建设阶段奠定了良好的基础。在生产实践中积累的经验也让宜准充分认识到，好的设计不仅能够吸引更多消费者、增加销售额，还能降低制造、运输、存储成本，为企业带来看得见的收益。

内部+外部设计

从 OEM 到 OBM，意味着组织结构的变化，其中设计团队的组建与发展又是支撑整个企业业务模式转变的重点。从最早在 OEM/ODM 的设计力量发展初期以依靠外部设计合作提供设计方案开始，宜准逐步发展建立自己的设计团队，在品牌化发展的实际运营中，已经形成内外部设计紧密配合的两条腿走路的模式。

如今，企业的总体组织已经形成完整的架构，主要包括品牌中心、制造中心、人力资源与行政中心、财务中心，其中品牌中心涵盖品牌设计部、体验设计部、工业设计部、运营推广部、渠道销售部。以设计战略为主导的核心团队负责产品的结构、功能、外形、用户界面、用户体验的设计以及品牌的定位、人群、市场、产品系列、宣传、包装的研究和设计，与此同时展开的外部设计主要通过和院校的合作以及和设计、咨询、市场营销团队合作完成。宜准和合作院校共同进行品牌和战略的研究以及平面、交互、产品的研究和设计。

> 内外部设计并存的发展方式不但为企业提供了多元化的设计资源选择、拓展了设计思路与视野，更增强了企业设计力可持续发展的力量。

内部设计由于熟悉智能手表产品市场和结构，可以密切的与其他职能部门配合，以帮助产品概念尽快地实现量产。而外部设计则更多地关注企业品牌发展与建设，以提供策略性的规划与建议。当在制订未来产品线规划等发展方向时，内外部设计力量的结合就能够提供最为有效合理的建议。

标准化的产品研发流程

从最初为满足客户需求而以外部设计合作为主的方式进行设计研发，发展到现在的品牌化产品研发流程，宜准已经从最初弹性化的设计流程转变为建立标准化的设计流程。每一款产品从研发到推出市场都有标准的时间控制、主要产品研发流程的要求以及评审的规范。

研发流程从产品立项开始，首先要评审项目的必要性，

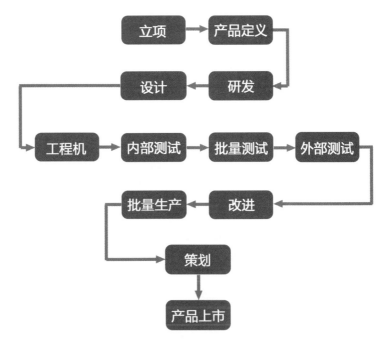

图 3-7 设计流程

包括消费人群、竞争对手、市场空间等的合理性和定位。之后，进入到产品定义阶段，即根据产品定位提出其具体的定义，应该是什么样的产品，具备什么功能。在此基础上，才开始进入研发和设计，这里包括软硬件的设计、工业设计、平面设计。在设计方案通过评审确认之后，就可以试做工程样板以进行测试，随后进行批量的测试。在批量测试后，再拿出一些工程机给专业人士和运动爱好者进行试用和体验，根据他们的反馈意见再进行工程机的修改。只有在这些流程全部完成并达到要求之后，产品才会正式投入生产并进行市场营销策划，最终投放到市场上。

3.4 多元化的渠道建设

除了设计以外，渠道建设也是企业转向经营自有品牌时必须发展的新职能。与设计力建设依靠内、外部设计力量两条腿走路同样的思路，宜准的渠道建设施行了更为多元化的策略。作为一个国内自主品牌的领先者，企业的渠道从一开始就不只是单独为了销售而建设，除了销售的主要功能之外，渠道还担负着推广与宣传、和消费者互动、和行业互动、收集消费者需求等多样化的功能考虑。

从品牌建设的初期，宜准就已经建立了线上、线下并行的渠道战略。线上包括宜准自己的商城和外部的电商平台，如亚马逊、天猫、京东、苏宁等；线下建立了分布在全国（包括港澳台地区）近30个城市的200个专柜，并和苏宁、火狐狸、澳仕玛、图途等展开渠道合作。其中线上渠道更是负责和消费者直接的互动，以收集消费者需求和产品使用反馈，同时也逐步建立自己的应用软件商店供消费者免费下载。而线下的专柜主要负责为消费者提供实物体验和运动体验。实物体验即在专柜上实际接触和了解产品的机会，运动体验指用户可以在参加一些运动赛事或活动中体验产品。

依托这样清晰的脉络，宜准牢牢把握线上、

为了推广品牌，宜准签约中国足球国家队教练李铁作为运动推广大使，在运动活动方面赞助了厦门国际马拉松、2013深圳国际马拉松、"挑战8小时"慈善徒步越野赛等赛事。同时，还和新浪户外、新浪跑步频道、搜狐户外、腾讯户外、网易旅游等建立战略合作伙伴关系，成为清华大学、北京大学、复旦大学登山队指定登山表，参加各种钟表专业展会，举办智能硬件会议沙龙和用户体验会。其产品和品牌被央视五套、广东电视，CCTV网、新华网、人民网、凤凰网和各大杂志报纸报道。

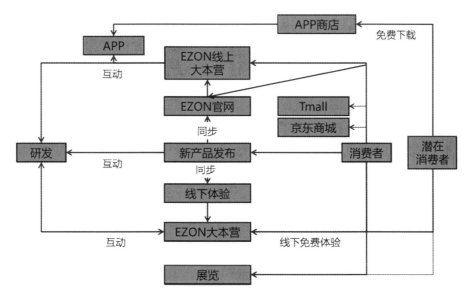

图 3-8　宜准多样化渠道系统图

线下的自有渠道和合作伙伴进行有效的销售和消费者接触。同时，通过合作伙伴和相关平台，参与并支持相应的赛事、专业网站、俱乐部活动，建立和专业团队的专业圈层关系，拓展企业品牌在目标用户中的知名度，增加接触点，使得企业品牌快速而有效地进入到目标市场。

小 结

　　宜准致力于成为智能运动表领跑者，以消费者为中心，用工程美学赋予科技温度，通过积极创造全新形象的科技产品，为消费者提供更富有乐趣、更有品质的运动和生命体验。

　　从 OEM 到 OBM，宜准在经营模式的发展与转变过程中充分认识到品牌和制造生产的互补性，并基于制造的基础和代设计制造的基础逐步发展建立了品牌化所需的设计认知与设计力。基于这样的系统化认知，企业创造了基于软件、硬件、内容的三位一体模式，其产品实现了运动数据感知、个人运动管理和运动社区服务三种功能，为用户提供了科学、健康、社交化的运

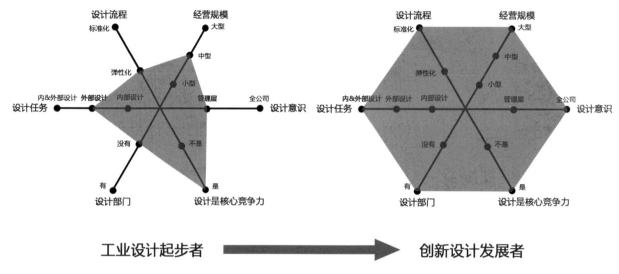

图 3-9 宜准的创新设计发展模式

动体验，通过科技与设计的结合进行创新，在中国智能手表市场取得了瞩目的成就。

宜准的品牌化发展道路，充分验证了从工业设计起步者的设计力模式到创新设计发展者模式转变的可能性，并展示了现实路径。其经验和思维方式值得广大中小企业，尤其是还停留在设计运用起步阶段的企业参考。

设计思维创新：Toy2R

　　玩具业在香港已有超过半个世纪的历史，自 20 世纪 40 年代开始，玩具业便以劳动密集型模式进行生产。进入 90 年代，在科技的迅速发展和全球消费市场蓬勃的带动下，香港玩具出口进入黄金年代。然而近年由于欧美经济不景气，导致出口业绩不理想，香港玩具业由兴盛逐渐转向衰落，行业利润空间整体萎缩。根据香港贸易发展局的统计数字显示，作为仅次于中国内地的全球第二大儿童用品出口地的香港，受到劳动力成本上涨、人民币升值和加工贸易政策调整的影响，在 2013 年前 10 个月里的玩具出口额下滑 11% 至 66.8 亿美元。因此许多香港玩具企业寻求转型，希望从劳动密集型产品转型为高增值产品，通过创新思维开发设计出更多用户喜爱的产品。来自香港的创新玩具企业 Toy2R 就是其中的杰出代表，更为独特的是其以设计师的角度出发重新定义了设计创造价值的模式，即设计不再是作为服务的提供者，更能够独自作为主体创造价值。

　　Toy2R 成立于 1995 年，1999 年开始自主设计，2001 年推出其主打玩具 Qee。在欧洲、美国、亚洲等全球 40 多个国家，140 多个城市的 220 多间店铺销售。2007 年，Toy2R 整体销售额达到 1400 万港元（约 1120 万元人民币）,2009 年达到 2370 万港元（约 1896 万元人民币）。平均每件玩具的利润率为 30% ~ 50%, 某些甚至更高。Qee 于 2007 年成为首件登上"苏富比春季拍卖会"的香港艺术品，2008 年以同样身份登上法国"佳士得拍卖会"，并荣获由香港特区政府主办的唯一一个工商业奖项"2008 香港工商业奖创意组别大奖"的杰出成就奖以及 2013 年由 Mediazone 颁发的"香港最有价值企业优秀企业奖"。Toy2R 玩具品牌创办人蔡汉成先生 (Raymond Choy) 更荣获 2009 香港"十大杰出设计师大奖"的荣誉。

4.1 设计与跨界创新

　　与传统的玩具品牌不同，Toy2R 的主打产品——Qee，并非完成形态的玩具，而是需要在原有的空白玩具模型上进行二次创作。Qee 系列主要由 10 条产品类别，8 个 DIY 系列组成。由于经过二次创作，Qee 的设计丰富多彩，艺术价值极高，受到世界各地玩具收藏家的追捧，创造了艺术玩具的蓝海。

图 4-1　Qee

　　Toy2R 多年来致力于和多种行业的客户与伙伴合作，将艺术玩具转化成极具商业价值的产品。这种跨界合作的前提是授权，也是 Toy2R 区别于其他玩具品牌的最主要特点。2003 年，Toy2R 在欧洲、美国、中国香港、中国等全球十几个国家和地区注册了 200 多个商标和专利，从此以后每一款设计都有版权。Toy2R 通过把专利和版权授予客户和合作伙伴，开展合作业务，共同开发新产品。根据对象的不同，发展出多种授权方式，可以简单分为对品牌客户的授权合作和对行业伙伴的授权合作。

迄今为止，Qee 与多个行业进行授权的跨界合作，包括时尚行业、奢侈品行业、电子消费品行业、汽车业、食品行业、商场等。和超过 30 个大品牌客户，包括微软、三星、索尼、松下、XBOX、Swatch、Mini Cooper、Smart、LeSportsac、DKNY、阿迪达斯、植村秀、希思黎、轩尼诗、星巴克、连卡佛等，共同推出主题产品。为了满足客户需求，Toy2R 提供不同种类的授权方式，客户可以利用 Qee 的平台邀请设计师设计，并自己生产，也可以请 Toy2R 设计和生产。无论哪种方式，为了保证 Qee 的品牌连续性，生产产品都需要经过 Toy2R 的认可才能推出市场。一旦签订了合同，Toy2R 就会全力以赴做到最好，超出客户预期，并在运营方面最大限度的推广合作品牌。

Qee x adidas 的合作成果

Qee x Kingston的合作成果

Qee x Samsung 的合作成果

Qee x Tonysame的合作成果

图 4-2　Toy2R 和其他品牌的合作

B. 广泛的行业伙伴授权合作

与伙伴的授权跨界合作包括艺术家与设计师、博物馆、动漫、游戏、影视、电子产品、NGO（非政府组织）等。Toy2R 邀请过全球超过 200 个艺术家和设计师，基于 Qee 模型创造出超过 1700 个玩具形象，共有超过 3000 款设计的授权素材库。Qee 玩具形象曾以 4 格漫画故事的方式在香港著名潮流杂志 *Milk* 上连载。Toy2R 和荷兰博物馆为"青少年俱乐部"共同出品特别版 Qee。在电影《阿嫂传奇》里 Qee 作为生日礼物出现。Toy2R 与台湾科技公司 Choicee 共同推出以 Qee 为主角的"大英熊战记"手机游戏以及 Qee 形象的结合蓝牙、喇叭的遥控机器人。Toy2R 和 NGO 合作，贡献产品给小朋友去做设计。

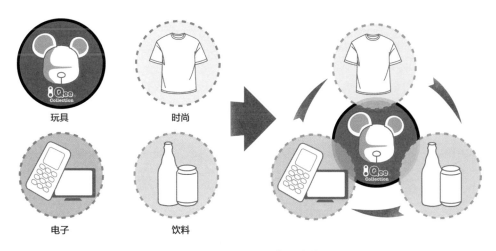

玩具   时尚

电子   饮料

图 4-3 跨行业的合作伙伴

无论是和品牌或者行业合作，无论对方名气大小，Toy2R 都会采取平等的互相尊重的态度。不会因为对方的名气大或者设计费用高，就失去自我，丧失自己的风格，不注重 Qee 的版权，完全由对方做决定。也不会因为合作艺术家名气小，就压榨设计费用，或者将对方设计据为己有。Toy2R 严格遵守授权合约，因此才有越来越多的知名品牌愿意跟他们合作，从而不断提升 Qee 的品牌价值。

授权合作是 Toy2R 扩展业务的最重要方式，可以在激烈的市场竞争中保障自身权益，无论授权公司和被授权公司都可以获得双赢。Toy2R 利用授权产品开拓市场，吸引新客户，扩大产品使用范围，发挥成本效益，用小资源做大事，降低自己进入新行业的风险。同时，客户和伙伴品牌可利用 Toy2R 已经建立的品牌认知度，提升自己的品牌，增加市场关注度，进而增加销售额，为公司创造更多的价值。双方专注于自己的长处，强强联手，共同提升双方品牌影响力，增加赢利点。

表 4-1	Toy2R 和传统玩具品牌的创新点对比	
创新点	传统模式	Toy2R 创新
设计方法	一次成型，玩具品牌公司完成玩具的全部设计，或者贴牌生产	二次创作，和客户共同完成设计，或者和邀请的设计师共同完成设计
设计合作	内部设计团队完成，聘请外部设计师，或由品牌公司完成设计	跨界合作，和不同行业的客户跨界合作；和不同行业的伙伴合作共同提升品牌价值，内部设计师和外部设计师共同合作
盈利模式	生产销售，通过大量生产和销售产品获利	品牌影响力与授权，通过产品设计提升品牌价值，吸引客户，授权产品设计获利

4.2 从设计生产到设计授权

　　然而，Toy2R 并非在企业成立初期就设定设计合作的战略。起步于传统玩具的设计生产，在大的经济环境的转变下，也迫使企业进行认真思索和痛苦转型，最终实现了到设计授权合作的成功转变。Toy2R 在 2003 年成立之初和传统的玩具企业一样定位为设计和制造玩具。企业通过观察欧洲市场，发现其对艺术品价值的肯定，注重艺术和商业的结合，因此将其主打玩具 Qee 定位为艺术玩具以形成产品在市场上的差异化。作为这一战略的执行延伸，企业邀请欧美艺术家和设计师为品牌进行设计，以有收藏爱好的成年人为目标客户群，并以出口至欧美市场为主。2003 年在香港旺角和之后的尖沙咀建立实体店面销售产品盈利，同时在 eBay（易趣）上销售 Qee 产品。

图 4-4　Qee 系列玩具和二次创作后的 Qee

　　从 2007 年开始，全球经济转差。2008 年的金融危机，欧美市场动荡，导致 Toy2R 的玩具出口量急剧下降，全球业绩下降 50%，欧洲市场业绩下降 20%。在这样的困难时刻，Toy2R 决定向授权的合作创新模式逐渐转型，与众多品牌建立合作关系，从单纯的以设计生产牟利转变为设计生产和授权获利。结果企业的亚洲市场持续增长，凭借在欧美的名气，Toy2R 逐渐建立了亚洲市场的影响力，Qee 产品在北京、上海开始建立销售渠道。

　　然而，在授权模式的探索初期，处理已经积累的玩具藏家与品牌客户的关系和冲突成了一个很重要的课题。由于授权中规定，和客户品牌共同合作的 Qee 无法由 Toy2R 零售，消费者只能通过购买合作品牌的产品才能获得 Qee。比如，和奔驰 Smart（中国）合作的 Qee，需要购买 Smart 汽车才能获得，因此流失了很多原始客户。Toy2R 通过和合作品牌协商解决了这个问题。如在和 adidas 合作推出以其经典款式鞋为主体设计的 Qee 系列，来配合 adidas 的销售活动之后，Toy2R 可推出整合版的 adidas Qee 系列供玩家收藏。通过和知名品牌的授权合作，Toy2R 获得了许多来自不同行业的新客户，这

些客户可能以前并不知道和了解 Qee，但是通过购买合作品牌认识了 Qee，同时也考虑在自家品牌的运营上和 Qee 合作的可能性。另外，生产方面，由于产品生产的复杂性，为了更好地控制产品成本和质量，同时贴近客户和市场，Toy2R 于 2009 年在顺德创立分公司。

　　2009 年之后，欧美市场经济不景气，企业取得的逆向成长业绩得力于在亚洲特别是中国大陆地区的大力拓展，企业在广州、沈阳、杭州、大连、西安、成都、福州等城市都建立了销售渠道。在战略上，由于处于发展完善阶段的亚洲艺术

图 4-5　Mini Qee

品市场无法接受特别前卫的欧美艺术理念，如果 Qee 仅仅定位为艺术收藏玩具，由于其前卫的设计理念，消费者比较小众。为了拓展市场，Toy2R 推出了 Mini Qee，产品定位也从艺术玩具拓展为情感玩具，有更可爱丰富的表情，以吸引青少年和小朋友。同时，根据研究发现，消费者的心态逐渐改变，比以前更加崇尚品牌，大品牌更具影响力。2011 年，广州成立 Toy2R 中国公司（广州玩易亚设计有限公司）以培养中国内地本土设计师，促进香港团队和内地团队的交流，共同提升设计创新能力。同时，着重发展和其他大品牌的授权合作，借由对方品牌不断提升 Qee 的品牌认知度。

表 4-2	Toy2R 的设计与创新成长之路		
时间	2001—2007 年	2007—2009 年	2009—2014 年
经济环境	经济情况较好	经济情况转差	全球经济不景气
产品定位	艺术玩具	艺术玩具	艺术 + 情感玩具
产品线	Qee 为主	Qee 为主	增加了 Mini Qee
对象	成年玩家为主	成年玩家；品牌客户	以品牌客户为主 青少年 + 成年玩家
市场	欧美为主	欧美为主	亚洲为主
销售策略	B2C	B2C 为主 +B2B	B2B 为主
经营模式	设计 + 生产	设计 + 生产 + 授权	设计 + 授权为主
设计团队	外部设计师	外部 + 内部设计师	内部设计师为主
渠道	实体店	实体店 + 线上	线上为主
销售利润	销售利润 + 授权利润	销售利润 + 授权利润	授权利润为主

4.3 设计力的发展

设计应用层次观

Toy2R 认为设计有三个层次。第一个层次是设计作为工具，设计师用电脑、软件模仿其他产品，根据管理层的指示行动，做别人有的。第二个层次是设计作为思考的方式，从客户角度出发，提出独创性的想法，做别人没有的。而 Toy2R 强调的是设计的第三个层次，即设计作为合作创新模式的一部分。

比如，投资成本、市场选择、需求研究、产品设计、综合策略等。通过设计将模糊的需求具体化，最终变成一个现实的商品。特别是和客户的合作，为其设计产品，要和对方的品牌、主题、成本、时间等因素进行匹配，需要掌握大量信息。比如对方品牌是蓝色主题，如果 Qee 设计成红色，与对方品牌不匹配，那无论设计得多好，客户都不会选择的。

设计团队管理

Toy2R 的团队分为三个部分：

设计团队 　　订单团队 　　仓储团队

设计团队负责产品设计、展览设计、营销设计等工作。订单团队负责管理订单、物流、和客户沟通等职责。部门之间分工不分家，每个项目都需要团队交叉合作，才可以快速高效的完成。Toy2R 在香港和广州都有内部设计师团队，他们的设计能力各有千秋。因为互联网的发展，国内设计师同样拥有国际视野。目前，国内每年毕业的设计学生至少相当于香港的十倍。未来，Toy2R 愿意和更多华人设计师合作，而不仅仅是聘用欧美设计师。

另外，和 Toy2R 合作过的外部设计师和艺术家超过 200 人。在 Qee 品牌创立之初，由于需要迅速提升产品知名度和品牌影响力，设计项目主要邀请外部设计师和艺术家操刀，其设计作品都是注明生产数量、时间段等细节的一次性买断的方式。2007 年前，内部和外部团队负责设计项目的比例为 3:7。之后，随着 Toy2R 自身设计团队的不断成熟以及与外部设计师合作的复杂性（比如，原产量的 Qee 售罄，客户想追加产品，需要 Toy2R、外部设计师、客户三方同意，并另起合同，才能生产），内部和外部团队负责设计项目的比例变为 7:3，现在每年大概有 10% 的设计邀请外部艺术家设计。Toy2R 仍在完善与外部设计师的授权合作模式，以丰富 Qee 的设计，同时帮助更多年轻设计师，为他们提供更多的机会，以提升其知名度，增加其收入。

4.4 品牌运营增强核心竞争力

由于 Toy2R 仍然属于中小企业，其运营投资无法和传统大企业抗衡，无法做大规模的广告、路演和聘请明星代言。因此，Toy2R 更加专注于产品设计、粉丝的口碑营销、合作式的品牌提升方式。

品牌的建设需要持之以恒和诚实守信。Qee 自身品牌的影响力是其可以与诸多行业成功客户合作的前提。为了建设品牌，增强 Qee 的核心价值，无论大环境的好坏和生意起落，Toy2R 都会将利润的 30%~40% 投入到新产品的开发和品牌运营。在成立之初，Toy2R 在伦敦、巴黎、纽约、东京、香港等地区进行了多年的世界巡回展，积累了第一批粉丝。Toy2R 在微信、微博、脸书进行推广，积累了很多粉丝。很多线上、线下的文章、杂志、书籍都对 Toy2R 的案例进行报道。Toy2R 的合作创新模式被收入商学院的案例研究。Toy2R 定期举行各种活动，如 2012 年和淘宝合作的 "Qee X 淘公仔设计大赛" 邀请中国美术学院、中央美术学院等院校合作，邀请学生参加

图 4-6 DIY 设计竞赛

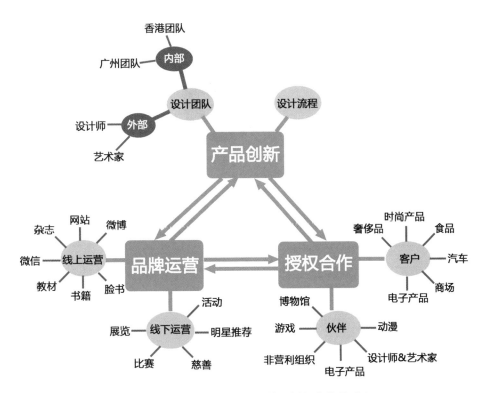

图 4-7　Toy2R 的设计、品牌和授权合作的融合

比赛，认识 Toy2R。每次展览和比赛都力求推陈出新，增加趣味性，根据不同的地区，设计合适的主题、参赛宣传、场地和比赛内容，鼓励年轻人用 Qee 进行创作。同时，在客户的支持下，Toy2R 也会邀请名人用 Qee 进行创作，或者有些爱收藏玩具并认同 Qee 品牌的名人也会主动合作。

由此可见，在经营的结构上，Toy2R 发展出了产品、市场和品牌紧密融合的系统结构。三者各自独立且又相互支持，建立了一个稳定发展的结构，同时，也使企业的触角延伸出最大的接触面。在设计专业领域，通过内部和外部多元化设计团队的合作，把设计的资源和影响力在设计行业内发展到最大化；在市场面，通过授权合作，即建立了与单一品牌的合作关系，也有层次的在各个行业和产业领域拓展合作；在品牌运营中，运用多元化的通路与渠道，与个人、组织、活动等建立密切合作，同时亦拓展线上、线下的渠道。通过有效的产品平台搭建，授权合作管理和品牌形象拓展，Toy2R 实现了全方位、立体化的有效发展，亦为中小企业运用设计思维发展经营结构给出了成功的参考。

小 结

Toy2R 立志做"人人都可以设计"的创作平台。作为艺术玩具和情感玩具，Toy2R 希望自己可以长盛不衰，像迪士尼的动画玩具、日本漫画玩具一样。Toy2R 的心愿是将整个 DIY 玩具市场做大做好，而不是在一个小市场上跟竞争对手比价格，做红海的竞争。其设计理念和经营策略为我国的玩具产业、动漫产业的发展打开了一个新思路，也开创了一个全新的蓝海市场。

纵观 Toy2R 的成功经验，可以发现它具有几个独特视角的思维方式：

1)
对于设计价值的
思考

Toy2R 对于设计价值的思考没有局限在传统的设计服务领域，而是把设计作为商业活动的主体去考虑它可持续创造价值的可能性。在传统的经营模式中，设计作为一种服务或是咨询活动，往往只能通过为客户提供新的创意创造或是增加客户产品、品牌的价值。而 Toy2R 的设计思维方式完全颠覆了这一传统方式，它思考的是设计自身应该怎样创造可持续的价值，而不再是作为设计服务的提供者为客户带来附加价值。也正是基于这样的思考，使得企业创造了基本的玩具形象作为二次创作平台，以此为基础可以同广泛的客户合作，从中不断创造新的价值，并和客户共享成果。

2)
对于中小企业品牌
拓展品牌知名度的思考

中小企业品牌在知名度的拓展上往往受到发展规模、投资金额等的限制难以与大品牌相抗衡。而 Toy2R 的方式带来了很多启发，即如何利用企业的核心业务、市场关系和渠道通路最大化地接触消费者、企业、行业、各类组织，有效地拓展知名度。在 Toy2R 的模式里，在设计领域，通过与各类设计师的合作使得品牌被广泛接受；在商业领域里，通过与各类品牌的授权合作和不断拓展品牌知名度；在创意平台上，企业又和各类组织、活动、渠道等合作；在和社会的联系上，通过发起 DIY 等活动，让更多的年轻人、高校团体参与。

3）

对于开放式设计
平台的独特思考

在当下越来越注重发展开放式创新平台的商业模式潮流中，反观 Toy2R 的经营模式虽然是在数年前就设立的开放式设计平台，但是其创新思维至今仍然在市场上独树一帜。关键在于其对于设计平台对象的广泛定义与划分。不像当下的创新平台通常泛泛而谈的人人参与，Toy2R 的平台虽然也是以人人参与设计的概念为提要，但是在其运作中，已经呈现出了非常清楚的结构划分。即在设计、品牌合作、产业合作、社会合作等不同层面，如何吸引个人、组织、社会等不同层面与规模的团体参与。因而，其设计平台面对的是一个立体化、结构清晰的"人人"。

Toy2R 也不是在经营的一开始就找到发展艺术玩具创新平台的概念。和很多从事玩具产业的企业一样，Toy2R 也是从玩具设计开始其对于设计和玩具的投入，在那一阶段，其创新设计的模式还是属于比较典型的设计跟随者的角色。而正是由于其对于设计价值的深入思考，并以设计思维及时转变经营模式，定义了至今都领先市场的品牌战略，才使得企业有了一个突飞猛进的发展阶段。时至今日，毫无疑问，Toy2R 的设计思维已经跳开设计玩具的工业设计概念，转而进入到系统思考设计价值创新设计阶段。设计也成为其核心竞争力之一，持续支持着品牌在市场上的领先地位。

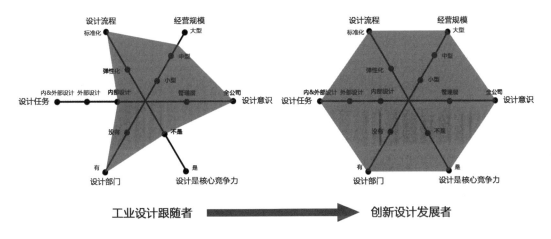

图 4-8 Toy2R 的创新设计模式

第五章 | CHAPTER FIVE

产业模式创新：毅昌科技 ECHOM

行业类别：加工制造

企业名称：广州毅昌科技股份有限公司

成立时间：1997 年

企业规模：中型

创新设计发展模式：创新设计发展者

2005 年"广东优良工业设计奖"评选活动落幕之后，一款貌不惊人、但创造性地将电视机与 DVD 播放机巧妙融为一体的设计作品获得"金奖"，由此，使得"毅昌科技"这家企业浮出水面。尔后几年中，伴随着该公司先后获得"广州市十大杰出青年""广东省十大杰出青年""东亚（中日韩）青年经纪人自主创新奖""广东省十大青年设计师"等一系列的荣誉与嘉奖，这家隐在 LG、三星、TCL、SVA、奇瑞等著名品牌之后、以整合创新与制造服务为特点、推动中国设计创新发展的新型企业开始进入公众的视野，并成为从中央到省市各级政府科技部门推广"自主创新战略"的考察对象与经验模板。

在中国设计创新领域里，以往人们关注的视角基本锁定于消费性产品品牌的设计部门和专业设计公司，"毅昌模式"的出现，通过其独具智慧的"以设计创新为核心竞争力、以整合制造服务为商务拓展平台"的实践，创造性地发展出了生命力更加旺盛的第三种模式，实现产品设计端与市场、制造的快速无缝链接。尤其是对以完备的制造业加工与服务系统为特征的珠三角地区来说，这种将设计创新与制造服务"无缝"链接的模式则更具有推广的价值。2010 年 6 月毅昌股份在深圳中小板上市，成为中国工业设计第一股。如今的毅昌已被认定为国家级高新技术企业，依托广东省企业技术中心、广东省工业设计工程技术研发中心，共申请各项专利 498 项，已获得授权专利 474 项。

5.1 DMS 经营模式

　　1997 年创建的广州毅昌制模有限公司，最初是一家专业从事塑料模具研发、工业品塑料配件制造的小型企业，与活跃在深圳、东莞地区的成百上千家小模具厂、小塑料厂没有什么区别。

　　然而，正是因为公司创办人冼燃是深圳大学工业设计系的首届毕业生，并以其曾创建康佳集团工业设计室、因创新成果突出而获得过"深圳市（十杰）青年突击手"称号的丰富经历，决定了这家公司在尔后十年的成长过程中，并没有简单地将 OEM 制造服务当作全部经营范围，而是始终把设计创新当作驱动事业前行的发动机，从而能够在竞争激烈的市场上快速成长为中国家电制造行业举足轻重的企业。如今企业已经形成黑电、白电、汽车等几大主要经营模块，并保持高速发展。至 2013 年，毅昌黑电销售量达到 1156 万套，同比增长 26.25%；白电销售量为 593 万件；汽车销售量为 283868 辆，同比增长 104.77%。

　　如今毅昌所设计开发黑电产品荣获包括德国红点奖、美国 IDEA 设计大奖、德国 IF 大奖、红星至尊奖等国际、国内顶级设计奖项。1999 年，毅昌成立企业技术中心；2005 年，被认定为"广东省省级企业技术中心"；最新公布的广东省国家与省级企业技术中心综合评比中，毅昌以 93.689 总分获得第二名；2010 年 11 月，被认定为"国家级企业技术中心"。除此之外，毅昌还参与制定和颁布实施三项黑电类国家标准，正依托标工委平台牵头制定七项

　　由于设计与制造成功的无缝链接，毅昌承接的代工产品一直由毅昌设计，这就是毅昌的 DMS 服务模式，即设计 (Design)、制造 (Manufacturing)、服务 (Service) 的整合。向客户提供"一站式"服务：从产品概念创意到量产成品的全套解决方案，是毅昌科技在全面分析了各个产业链特点后根据自身"工业设计创新能力"的强项特点所做出的务实选择。

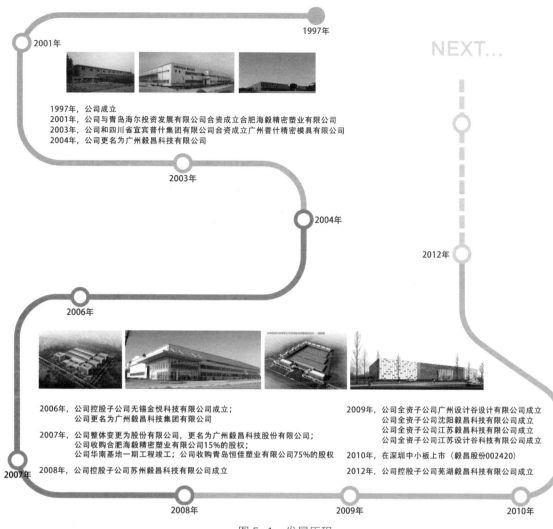

NEXT...

1997年

2001年

1997年，公司成立
2001年，公司与青岛海尔投资发展有限公司合资成立合肥海毅精密塑业有限公司
2003年，公司和四川省宜宾普什集团有限公司合资成立广州普什精密模具有限公司
2004年，公司更名为广州毅昌科技有限公司

2003年

2004年

2012年

2006年

2006年，公司控股子公司无锡金悦科技有限公司成立；
公司更名为广州毅昌科技集团有限公司

2007年，公司整体变更为股份有限公司，更名为广州毅昌科技股份有限公司；
公司收购合肥海毅精密塑业有限公司15%的股权；
公司华南基地一期工程竣工；公司收购青岛恒佳塑业有限公司75%的股权

2008年，公司控股子公司苏州毅昌科技有限公司成立

2009年，公司全资子公司广州设计谷设计有限公司成立
公司全资子公司沈阳毅昌科技有限公司成立
公司全资子公司江苏毅昌科技有限公司成立
公司全资子公司江苏设计谷科技有限公司成立

2010年，在深圳中小板上市（毅昌股份002420）

2012年，公司控股子公司芜湖毅昌科技有限公司成立

2007年

2008年

2009年

2010年

图 5-1　发展历程

行业标准。截至 2013 年年底，已获得授权外观专利 366 项、实用新型专利 100 项、发明专利 8 项。

　　OEM 模式的最大特点是一种"订单经济"，即被动地由能够"下单"的品牌企业牵着鼻子走，并且在整个商业利益链中处于最底端。在当今世界市场的商品销售收入分配比例中，"制造加工"环节远没有"品牌运营""销售流通"高，该模式由于没有自己的核心竞争力，客户忠诚度不高，客户越

图 5-2　毅昌的黑电产品

图 5-3　毅昌 DMS 服务模式

大，风险越高。毅昌科技从创立开始就意识到了纯粹 OEM 模式的弊端，因此第一单电视业务就是由冼燃带领开发团队调研产品发展潮流、整合制造优势，自主研发的具有行业先进性的电视产品，在帮助客户在市场获得丰厚利润的同时毅昌自身也得到快速的成长。这种选择，使公司不会涉足技术投入更大、竞争更为激烈的核心电路板等环节，专注于能够将设计创新团队潜力发挥到极致的整机外壳设计研究、工程结构设计与制造服务。

这样的发展模式，使毅昌科技迅速获得了中国电视机行业各大品牌的认可。经过多年来不间断地执着追求与建设，今天的毅昌科技已构建成以广州为核心并拥有广州、青岛、合肥、昆山四个研发中心与分布于全国的五大制造网络，并与意大利都灵 IDEA Spa 等多个国外研发机构以及华南理工大学等5 所高校建立了长期合作与技术交流的关系，形成了公司向"多元化、国际化、高科技"发展的清晰战略。

在不断设计创新、不断推出拥有自主知识产权的产品过程中，毅昌科技形成了自身的良性机制并创造了突出的成就，这种机制与成就不仅体现在将5% 以上的年销售额投入到新产品开发、年开发全新产品 500 多款、60 多个系列，更体现在公司创建的拥有近 200 名科技创新人才的"广东省级企业技术中心"。

5.2 整合创新的价值

> 毅昌科技设计创新模式的突出特点是整合创新，主要表现在三个方面：创新设计系统整合、创新设计资源整合、设计需求资源整合。

创新设计
系统整合

毅昌科技已经建立起由宏观层面的品牌策略、趋势预测、市场研究与微观层面的产品概念构思、设计方案表达、零组件选择、构造设计、样机制作、工艺流程设计、模具研发、产品加工等重要环节交错构成的立体创新系统。这个系统在已获英国 BSI、ISO9001、ISO14001 等一系列国际质量认证的质量管理体系严格监控的强大加工基地与研发速度、研发设备比国内品牌企业更快速、更完善、更先进的研发网络支撑下，能够向诸如 LG 这样的著名国际品牌提供具有重大创建价值的产品线规划与具体实施的全方位服务。

毅昌科技组建了驻扎于广州高技术产业园的、有 60 多位工业设计师与工程师的工业设计中心，结构设计的团队分布于全国以便于接近客户。在研发速度与产出成果的质量上，毅昌科技的团队达到了国内同行业最高水平，不仅其从设计构思到走上市场的两个半月平均周期达到了行业最快，而且其工程与机构设计专业力量也达到了国内最强，与多家大型家电品牌企业达成长期战略合作关系。这种高效的研发生产速度与客户忠诚度是单纯的产品设计服务和OEM 加工服务都不可能达到的。

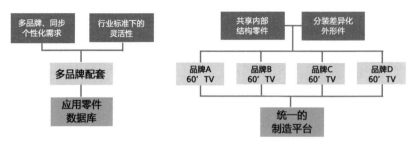

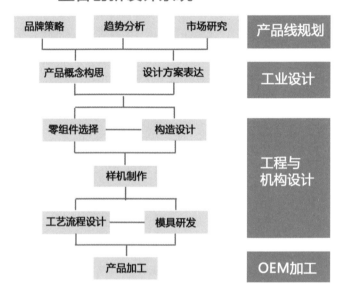

图 5-4 整合设计创新系统

创新设计
资源整合

与绝大多数企业的创新中心应用零部件数据库仅考虑自身品牌的配套需求不同，毅昌科技要考虑的是多个品牌的配套需求。之所以如此，出于两方面的资源整合考虑：其一，毅昌科技经常面临的是需要同时为几个企业提供产品规格与型号相同、设计风格不同的项目，依据不同品牌的文化要求设计出风格迥异的外壳。其二，这

在工业品生产高度专业化、分工化的今天，任何一种工业产品都不可能在一个企业内实现所有零部件的制造与加工。因此，最大限度地整合所有有价值的配套资源，构建一个动态的、开放的可用资源数据库网络，并在具体的设计项目实施过程中能够最恰当地整合使用数据库中的信息，对毅昌科技这样的创新设计企业就变得尤为重要。

种设计思想在引领行业标准的前提下提供了最好的灵活性。

　　毅昌科技设计创新资源整合除了横向整合，纵向整合同样出色。上游塑料资源的共同开发研究，下游客户市场第一手信息的整合分析，同样为产品的成功提供了有力的保障。毅昌在整个产业链中成为一个整合的主导者，成为行业资源的中心。

设计需求
资源整合

　　60英寸的等离子电视机，是目前中国市场上最大尺寸的机型，同时也是一种售价高、销量少的机型。对诸如SVA等任何一家电视机品牌来说，虽然拥有这种机型可显示产品线的宽广覆盖能力，但独立开发此机型却肯定是得不偿失的事情。对这类产品，毅昌科技"整合设计需求"的优势就充分显现了出来：若干个品牌的60英寸产品外壳件在同一条流水线上制造加工以构成总量规模，大家共享内部结构部件、分别装配各不相同的造型以形成品牌差异。在这样的设计创新平台上，用于每个品牌的机型设计与制造投入成本被大幅度的降低，为这些品牌在大尺寸电视机市场有充分的拓展提供了保障。把客户不足以建立平台化的产品平台化，是毅昌资源整合的优势所在，形成与客户共赢的局面。

> 将若干客户的同类创新设计需求进行整合，在毅昌内部建立统一产品平台，用同一个制造平台提供快速、高性价比的制造加工服务，是毅昌科技经多年摸索创造出的、能够充分发挥自身优势的新模式。

图5-5　模块化构建技术创新与制造体系

5.3 设计打造核心竞争力

在产品定位问题上，设计项目团队都必须充分听取客户的意见，理解其意图与行为方式。但这并不等于设计师不能有自己的见解与想法。多年的经验告诉毅昌的设计师：如果你完全不能拿出自己的想法去与客户碰撞，就会沦为被牵着鼻子走的单纯加工厂。

毅昌科技所完成的绝大多数原创性的产品设计项目都来自市场需求，但与多数设计公司或企业设计部门最大的不同点是：决不会完全被动地根据客户要求去完成一项设计。毅昌科技的设计中心要求所有的项目团队在进入项目前一定要做项目的背景研究并形成自己的见解。虽然品牌企业客户有全面的市场调研数据库，使其在完善的数据基础上形成了研究成果。但多年实践证明：毅昌在行业、多个客人产品线的理解及深入程度，足以保证产品的成功，这种综合的策略能力是一般设计公司或设计部门所不能达到的。

同时设计师必须与客户之间产生良性互动，并保持捕捉市场动向的敏锐嗅觉。例如，当发现客户对某类产品正举棋不定、而目前的市场尚处于低点直线发展阶段时，一旦判断到这种产品可能在不久就会"起飞"，毅昌的设计团队会以最短时间内拿出成熟的设计方案，赶在客户确定要投身该市场的关键环节提供给对方，保证用最短时间推出产品，让客户参与市场竞争。

在设计方案被选定后，能否在短期内形成大量供货的能力，以高密度的商品投入快速形成市场热点，是另一种核心竞争力。对毅昌来说，能否服务于大客户——当类似于沃尔玛这样的全球 500 强品牌要求在 1 个月内供应 20 万套同一型号的产品时，是否有能力在短时间内完成符合数量的合格产品订单——就成了比设计能力最重要的决定因素。在找不到第二家供货企业的情况下，拥有这种能力的加工企业就具备了垄断性质的竞争力。设计同样可以提升产品的生产效率，通过优化设计，生产效率可以有明显的提升。因此，优质的设计，高速度、高密度的加工制造管理，被毅昌科技视为自己真正的核心竞争力。

5.4 擦亮创新服务的品牌

务实的发展战略，在毅昌科技对品牌的认识上体现得更加充分。在绝大多数人看来，对拥有强大的产品设计创新团队与国内最顶尖的配套加工制造能力、十多亿元的年销售额以及十多年市场打拼经验的毅昌来说，完全应该开始创建自己的品牌、销售自己的产品了。但是，毅昌的管理层并不这样看。他们认为，品牌并不像普通人想象得那么简单，类似于 TCL 这样的品牌，是直接面对消费者的终端消费型品牌，但打造这样的品牌要求在广告推广、市场拓展等各方面投入巨额资金，而且面临高度激烈的市场竞争。毅昌还没有发展到这个阶段。甘心做幕后英雄，以达到极致水平的设计创新与配件加工制造去服务于那些终端消费型的品牌，在加工制造业内形成极佳的口碑，是一种无形的品牌。而且在这个领域内，毅昌科技保持战略竞争力，同样会有远大的成长空间。但是，这并不等于说毅昌科技永远不会向终端消费型品牌建设的领域拓展。一旦条件成熟，毅昌会选择合适的进入，而且力度也会像做加工制造那样庞大。现实情况是，毅昌在行业内已是一个优秀的品牌，是一个资源中心，要找好设计、好产品，客户第一个想到的就是毅昌。

品牌可以分为两种类型，一种是**消费型**的，另一种是**服务型**的。

5.5 走向未来

伴随着毅昌科技的总部于 2008 年 3 月迁入广州高新技术开发区科学城一片占地 160 多亩的新厂区，新的 10 年发展规划也在这家雄心勃勃的科技创新型企业逐次展开。2009 年 7 月，中国平板电视结构标准工作委员会落户毅昌，牵头制定国家平板电视结构标准。2010 年 2 月，中国工业和信息化部正式授予以毅昌为龙头的广州科学城为中国首个国家级工业设计示范基地。毅昌科技努力成为更多国际品牌的战略合作伙伴的发展方向，令毅昌科技将面临更加严峻的挑战，同时也预示着一个更加广阔的未来。

小 结

毅昌以制造型服务品牌的定位，清晰地阐述了设计在制造、服务、品牌发展中的作用。在此基础上，企业提出的 DMS 经营模式整合了设计、制造和服务的运作体系，并在实际操作面以整合创新系统进行管理与运作，创造了以设计为主导的制造型服务企业的跨产业发展的典范。从黑电的概念实行，到白电和汽车产业的发展，企业在产业实践的深度和广度上不断发展。尤其重要的是，其一贯对于设计的重视与投入，这是同类型企业最值得学习的地方。2010 年作为工业设计题材的第一支上市股票也足以说明其以设计为主导的产业模式创新的成功之处与特色。

就我们的创新设计发展模式分类而言，毅昌无疑是属于完全以设计为主导的创新设计发展者的企业。在充分认识到设计的重要性后，设计意识在全公司发展，设计融入到企业运营的方方面面，成为核心竞争力之一。在建立自己的设计部门，不断发展设计力的同时，企业在不同的阶段和面对不同产业客户的时候，逐步建立起自己的设计标准与体系，包括标准化的流程、设计规范和设计团队的建设与发展。从这个意义上而言，毅昌的实践不但为制造型企业的服务模式开创的新的范式，也为这一类型的企业可持续发展带来了现实指引。

体验创新：尚品宅配

行业类别：家具

企业名称：广州尚品宅配（集团）公司

成立时间：2004 年

企业规模：大型

创新设计发展模式：创新设计发展者

2006 年的中国家具行业是一个典型的红海，没有一个家具企业占有超过 1% 以上的市场份额。尽管如此，顾客对家具企业所提供的产品和服务仍然心存不满，如家具之间以及家具与房子之间的匹配性难保证；定制家具价格贵、周期长、质量控制难。就在这个时候，广州尚品宅配（集团）公司（以下简称"尚品"）视顾客的不满为家具行业的"蓝海"，整合了来自这两个需求的思路，找到了能够满意这些顾客的新服务模式——大规模家具定制。

创立于 2004 年的尚品，为客户提供全屋家私定做服务，并依托创新设计服务而迅速发展起来，形成了"维意"和"尚品宅配"两大核心品牌。企业以基于顾客参与的设计服务为导向，应用数字化流程，实现了"客户需要什么，就设计什么、生产什么"的发展模式。自 2008 年以来，公司日产能力较之前增长了 6 ～ 8 倍，材料利用率从 70% 提升到 90%，出错率从 30% 下降到 10%，交货周期从 30 天缩短到 10 天左右，成品库存为零，年资金周转率 10 次以上，被时任广东省委书记的汪洋誉为"传统产业转型升级的典范"。

6.1 服务流程创新

在整个尚品的创新模式中，表现得最为清晰的是服务流程的**革命性创新**。

不同于传统流程里消费者需要到实体店了解产品，在尚品的创新服务流程初期，消费者只需登录新居网，就可以方便、简单地享受前端所有免费服务，包括选出自己家的房型、不同产品的摆放位置、不同风格的产品搭配，找到令自己满意的平面布置方案。最终较为满意的方案被选出之后，新居网会自动帮助计算出家具的件数、尺寸等基本参数，同时也估算出价格（图6-1）。而这所有的过程都只需消费者坐在电脑旁，轻点鼠标即可完成。基于新居网这样一个完全开放的平台，任何人都可以自由、免费的享受这一服务。和传统的直接到实体店一家家找自己喜欢的家具相比，这一流程既省时、省力又省心，还能得到海量的选择方案。

消费者通过线上体验了解了产品并形成初步的设计想法，之后，他们可以进入线下的体验过程。在这一过程中，尚品显著区别于传统方式的是多渠道的体验和为客户提供量身定制的设计方案。在传统方式里，消费者只能到店观看产品并与销售人员沟通，了解产品信息，从而做出购买决定。而在尚品的模式里，消费者可以到门店由设计师设计方案，或是电话预约上门服务。而上一阶段中消费者DIY的设计方案也会供设计师设计时参考。

在消费者电话预约上门服务之后，设计师可以用手机接收等待上门量尺的客户名单，并与客户预约上门量尺的时间。在上门量尺服务之前，设计师可以读取客户的基本信息和基本需求信息，在和客户做基本沟通后，可以进一步把明确的需求信息输入手机。通过手机的照相、摄像与上网功能，设计师可以即时的建立客户家的实际房型图，并讨论确认平面布置方案，一同在产品库内选择合适的家具，在解决方案库内选择满意的风格，最后形成个性化的设计方案。客户在确认效果图后，设计师可以传输方案订单给尚品总部，开始规模化生产（图6-2）。

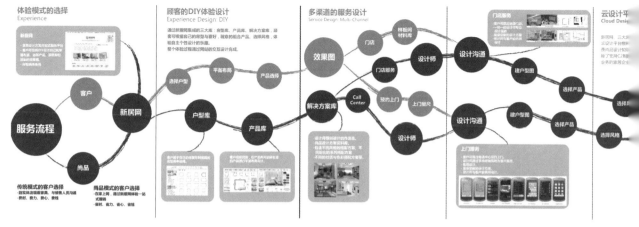

图6-1　顾客新居网线上体验流程

待量尺客户名单　　　　客户基本信息　　　　客户基本需求　　　　意向购买家具

图6-2　基于手持终端的上门服务

　　而选择去门店体验的消费者可以在尚品遍布全国30多个城市的500多家门店中就近选择，无需预约，直接前往。在门店里，消费者可以选择一位设计师为其提供一对一的服务。在参观完样本间与材料库后，消费者会对实物产品与具体的空间有进一步的印象。在此基础上，设计师与消费者会共同坐在屏幕前讨论完成设计方案。设计师会再确认消费者家中的房型图，讨论平面布置方案的选择、选择具体的家具产品、展开多样化的风格搭配，最后确定产品数量与尺寸等明细（图6-3）。不论是选择上门服务还是到门店，消费

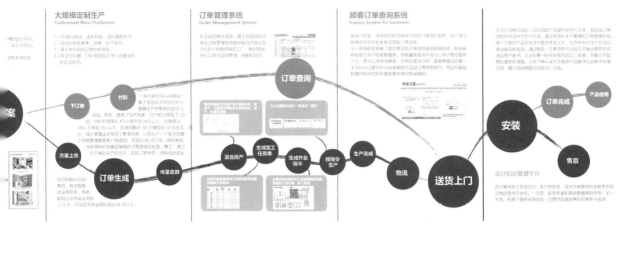

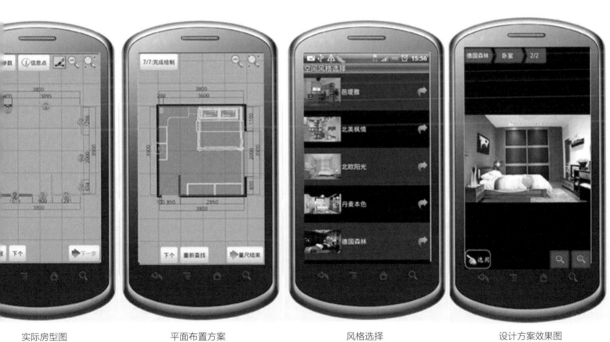

| 实际房型图 | 平面布置方案 | 风格选择 | 设计方案效果图 |

者所享受的线下服务流程都是定制式的。在尚品的服务流程里，传统高高在上的定制化服务通过他们的设计与技术创新可以直接服务普通消费者，设计师扮演的是消费者私人专业顾问的角色。而在设计的过程中，设计师与消费者共同讨论完成设计方案，真正实现个性化的设计解决方案。

在设计方案完成并被确认之后，所有的信息以订单的形式传输到尚品总部进行集中处理。所有的数据都会即时进入企业的订单管理系统。基于该系统，不但企业可以追踪订单完成的全过程，消费者也可以通过建立在此之上

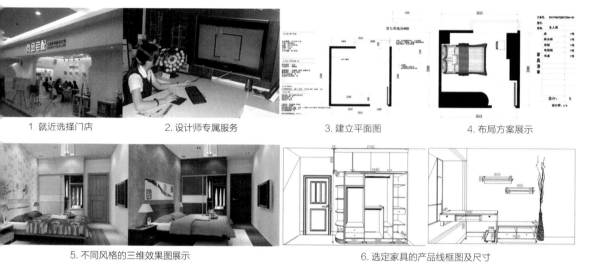

1. 就近选择门店   2. 设计师专属服务   3. 建立平面图   4. 布局方案展示

5. 不同风格的三维效果图展示   6. 选定家具的产品线框图及尺寸

图 6-3 实体店内的设计服务流程

的顾客订单查询系统了解自己订单的进程。这就是尚品完整的创新服务流程（见图 6-4）。

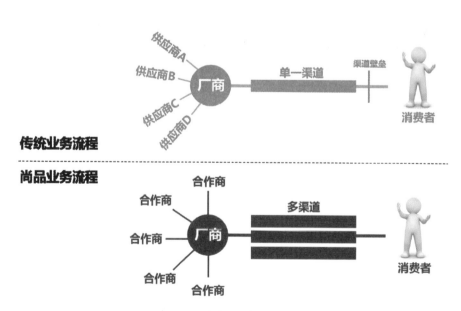

图 6-4 创新设计的业务流程

　　支持以上创新服务流程的，正是企业基于信息化的制造系统创新。在订单管理系统的架构和生产流程的设计上，尚品的设计力与技术力再次得到展现，云计算为这两项活动的高效完成提供了基本保障。以尚品在全国的 20 个直营店和 300 个加盟店平均每天接单 2000 份计算，由于每份订单包含的家具数量不等，保守估计每天要生产 5000 款完全不同的家具。加之每一款家具的尺寸、规格、面材均有所不同，可想而知编排与管理这样的生产计划并使之能够符合大规模生产的需求意味着庞大的计算量。而在其中最核心的是解决这一问题的知识与技术，这也正是尚品核心竞争力之所在，即基于信息化的订单及生产管理。

　　实际的生产流程开始于遍布全国 300 多个城市的订单通过网络传输汇总到总部订单管理中心之时。在此之后开始多产品按批次混合排产（图 6-5），通过排产生成本批次板件加工总任务单，即生成"批次板件生产清单"（图 6-6），进而自动生成本批次产品各车间作业指令（图 6-7），之后工厂即可按生产指令加工制造。

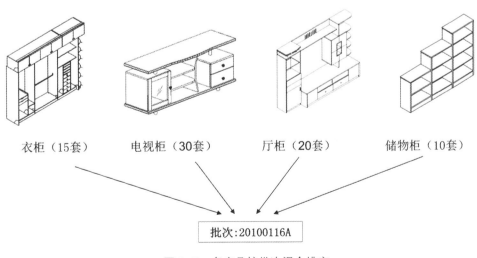

衣柜（15套）　　　电视柜（30套）　　　厅柜（20套）　　　储物柜（10套）

批次：20100116A

图 6-5　多产品按批次混合排产

批次编号：	20070116A	批次类别：		功能件	板件总数量	427	制单：		审核：	
开料领料日期：		封边接收日期：			排钻接收日期：		修饰接收日期：		试装接收日期：	
开料领料时间：		封边接收时间：			排钻接收时间：		修饰接收时间：		试装接收时间：	
开料负责人：		封边负责人：			排钻负责人：		修饰负责人：		试装负责人：	

序号	板件名称	成型尺寸			材料	单位	数量	开料尺寸			是否开孔	备注
		长	宽	厚				长	宽	厚		
1	袖屏面板	898	316.5	20	Y002	个	2	898	316.5	20	否	
2	门板封板	635	100	20	Y002	个	2	635	100	20	否	
3	旋转门	898	398	20	Y002	个	4	898	398	20	是	
4	旋转门	635	448	20	Y002	个	10	635	448	20	是	
5	旋转门	635	448	20	Y002	个	1	635	448	20	否	
6	旋转门	798	448	20	Y002	个	2	798	448	20	是	
7	旋转门	635	348	20	Y002	个	4	635	348	20	是	
8	抽面	548	240	20	Y005	个	2	548	240	20	否	
9	抽面	548	150	20	Y005	个	1	548	150	20	否	
10	抽面	598	233	20	Y005	个	1	598	233	20	否	
11	抽屉面板	798	316.5	20	Y005	个	4	798	316.5	20	否	
12	抽屉面板	698	316.5	20	Y005	个	1	698	316.5	20	否	
13	门板封板	798	100	20	Y005	个	1	798	100	20	否	
14	门板封板	635	100	20	Y005	个	2	635	100	20	否	
15	旋转门	635	398	20	Y005	个	1	635	398	20	否	
16	旋转门	635	278	20	Y005	个	1	635	278	20	否	
17	旋转门	635	518	20	Y005	个	1	635	518	20	是	
18	旋转门	635	448	20	Y005	个	9	635	448	20	是	
19	旋转门	448	448	20	Y005	个	2	448	448	20	是	
20	旋转门	698	498	20	Y005	个	1	698	498	20	是	
21	旋转门	898	348	20	Y005	个	2	898	348	20	是	
22	旋转门	498	348	20	Y005	个	2	498	348	20	是	
23	旋转门	598	348	20	Y005	个	4	598	348	20	是	
24	旋转门	798	448	20	Y005	个	1	798	448	20	否	
25	旋转门	898	398	20	Y005	个	1	898	398	20	是	
26	旋转门	798	348	20	Y005	个	2	798	348	20	是	
27	旋转门	635	298	20	Y005	个	1	635	298	20	是	

图 6-6　批次板件生产清单

在这样基于信息技术平台管理的生产流程中，工人进行的是"傻瓜型"操作，即按照信息指令生产即可。而这一方式的优势也是显而易见的：首先，对于工人的要求低，使得工人通过简单的培训即可上岗；其次，同时实现了品质管理和流程管理，所有的生产数据可即时得到统计；最后，为全自动化生产做准备，当现有的人工操作节点被自动化机械设备取代之后，即可实现

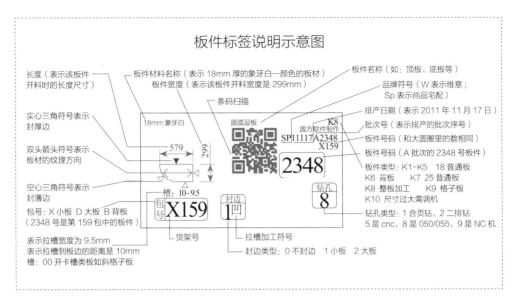

图 6-7 二维码作业指令

基于信息平台的全自动化生产流程，即"梦幻工厂"的建设。

在生产流程完成后，已完成的产品部件会存入仓库，直到该订单里的所有部件均生产完成。通过有效的生产管理和订单管理系统，每个订单的产品在库房中最多停放 3 天，在所有板件生产完成后就会被及时运走。通过物流，订单中的产品会以平板运输的方式送达客户家中。企业在第一时间安排上门安装，并随之开始售后服务的流程。从客户确认设计方案到产品最终在其家中安装完成，整个时间周期在 10～15 天。

以上就是尚品以设计思维为核心，基于创新信息技术而开发出的全新家居定制化服务流程。显而易见，个性化设计、私人专业顾问式服务、大规模制造、柔性生产、零库存、快速的流程就是尚品整个服务流程创新中最独特的差异化表现。

6.3 基于设计的信息化平台创新

尚品的创新点不是单一的，而是多元的，总体可以用五个关键词概括：

在尚品的创新模式里，设计不但作为主线，引领了技术、品牌、平台、渠道和体验的创新，还把这些创新点在横向上与企业的管理框架、组织结构、流程管理、生产管理等各个职能层面做了有机的结合，也在纵向上与企业的战略、组织、执行三个层次形成自然的融合。我们用图6-8去描述这样的一个由诸多创新点构成的有机的架构。

通过这一构成图，我们可以清楚地从以下四个方面去了解其创新点：

1) 设计思维与创新信息技术相结合的企业主体活动创新：订单管理系统、大规模定制生产、网店一体化经营；

2) 企业内部的直接设计创新活动：设计与设计师；

3) 企业与客户界面的设计活动：设计师与客户的协同创意；

4) 企业与外部合作企业的协同设计。

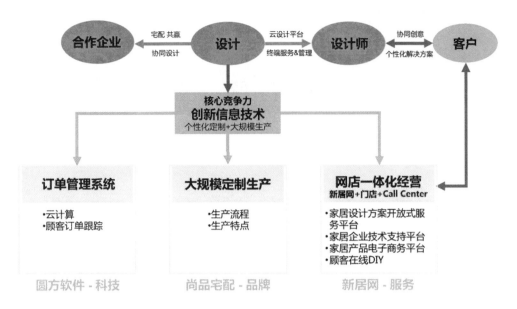

图 6-8 尚品宅配以设计为核心的创新点构成

　　尚品的核心竞争力是创新信息技术。正是这一高科技创新与设计思维结合才实现了在个性化定制设计服务与大规模生产之间的完美平衡。在实际运行中这一平衡反映在三个操作层面，即以圆方软件公司为代表的科技力，他们实际提供的是订单管理系统支持服务；以尚品宅配公司为代表的企业品牌塑造，其实践依赖的是大规模定制生产；以新居网为代表的服务创新，表现在网店一体化经营。

6.4 设计力的发展与布局

> 在尚品基于信息化平台而建立的全新服务、制造、管理模式中，设计师的工作方式、与顾客的互动关系、与合作厂商的关系等三方面都明显不同于传统模式。

从个人设计经验到设计库

从传统模式中单纯依赖设计师个人专业经验提供设计方案到现在的依赖三大库构成的云设计平台选择合适的解决方案。基于强大的云设计平台，结合信息技术在终端产品上的整合应用，设计师可以低成本，高效率，高质量地为顾客做个性化电脑设计方案，其上门量尺与设计沟通的整个流程可以依赖手机或是平板电脑完成，详细的服务流程见第一部分的相应介绍。

顾客参与设计

从以前的"生产商生产什么家具，顾客就只能买什么"，到现在的"顾客想买什么，我就生产什么"的全新服务概念；从以前的付费设计，到现在的免费服务。不论是设计师上门量尺服务，还是客户到实体店与设计师进行面对面的沟通，设计师都能够通过云设计平台的支持为客户提供量身定做的个性化家具解决方案。在这一过程中，实现了设计师与客户的协同创意，改变了传统商业模式中，客户被动了解厂商产品的局面。而这一创新点的成功也要归功于尚品建设的大规模设计师队伍，在遍布国内300多个城市的500多间经销店中，三分之二以上的人员是设计师。

从产业内
竞争
到合作

从以前的竞争关系到现在的合作关系。在设计思维、知识、经验相类似的企业中，选择合作企业，形成优势上的互补，从以前的零和博弈转变成现在的合作共赢，这就是尚品在合作企业关系上的设计与选择。合作的企业在产品及服务上可以有交叉，更多的是互补，如选择合作的企业分别为实木家具生产厂商、家电厂商、软装、软床等厂商，以共同在现有服务平台上提供一站式的全屋家居解决方案。

表6-1	尚品直接设计活动的创新点对比	
	传统模式运营	**尚品创新之处**
设计 与设计师	○ 设计师个人经验为主的方案 ○ 个人智慧	○ 基于云设计平台的解决方案选择 ○ 集体智慧
设计师与 客户	○ 厂商生产什么，顾客买什么 ○ 付费的设计服务	○ 顾客想要什么，我设计并制作什么 ○ 免费的设计服务
设计 与合作 厂商	○ 竞争的零和博弈	○ 合作的共赢关系

小 结

　　纵观尚品宅配的企业经营发展历程就是一个以设计思维为主导的创新设计拓展应用于发展的过程。从一开始，企业经营者就希望能够把基于创新思维而搭建的信息平台在产业中得到实践。通过其在制造能力和管理能力上的逐步发展，公司规模快速成长，而创新设计的思维始终是核心部分。因此，就其创新设计力的发展模式而言，也是一个典型的创新设计发展者的定位策略。

CHAPTER SEVEN ｜ 第七章

流程创新：新宝股份

行业类别：小家电
企业名称：广东新宝电器股份有限公司
成立时间：1995 年
企业规模：大型
创新设计发展模式：
工业设计追随者到创新设计发展者

　　小家电行业属于市场化程度较高的行业，随着全球化进程的加快，居民生活水平的提高，在城镇化进程加速的推动下，小家电的功能与品种日趋增多，市场不断扩大。在外销方面，作为欧美生活必需品的西式小家电，全球市场对其刚性需求的基本属性并没有改变，不仅欧美市场如此，新兴国家与地区的市场也将继续迅速成长。内销方面，时尚化、情趣化的小家电在国内逐渐流行，西式小家电日益受到富裕起来的追求生活品质的中国居民青睐。

　　广东新宝电器股份有限公司（下称新宝股份）于 2014 年成为 A 股上市公司。公司始创于 1995 年，以"Donlim"（东菱）为核心自主品牌，专业开发、设计、制造、销售厨房家用电器、家居生活电器、电器配件等几大类产品，并提供市场策略、设计研究、产品实现、模具研究、产品测试认证、量产技术研究、品牌设计 7 个模块单一或组合的服务，能够满足国际知名品牌商、零售商"一站式"采购的需要。

　　新宝股份始终专注于全球小家电市场，是一家拥有多家专业化产品公司，并拥有电机、电子、压铸、注塑、五金、模具、喷涂、印刷等十几家配件公司，产品包括电热水壶、电热咖啡机、打蛋机、搅拌机、多士炉、面包机等 2000 多个型号系列，其中电热水壶出口量自 2001 年起就稳居全国首位，目前累计已超过 1.5 亿台。发展至今已经成为员工超过 10000 人，专业技术人员超过 3000 人，厂房面积超 100 万平方米的大型企业。2013 年，新宝股份销售额超过 50 亿元。

　　新宝股份拥有卓越的创新设计能力，先后获得"广东省工业设计示范企业""中国工业设计十佳最具创新力企业设计中心""中国工业设计十佳创新型企业"等荣誉称号，并被省政府定为"十五"期间从"广东制造"到"广东设计"的典型企业。"Donlim"产品多次获得"中国创新设计红星奖""中国创新设计红棉奖""中国外观专利大赛奖""IF 奖"等业界殊荣，各项创新设计成果应用于新产品的研制和投产，实现产品向高档次、高附加值方向的转变，有力地提高了公司产品的市场竞争力。

7.1 从简单装配到自主品牌

1988—1994
从简单的装配到制造能力的形成

1988 年，新宝股份的创始人郭建刚从浙江采购零部件在自家阁楼里装配电吹风，开始了他的创业之旅。当时，他每卖一个电吹风可以赚 50 元，利润相当可观。企业有了初步的资本原始积累之后，创始人郭建刚发现，如果自己生产零部件，赚的钱会更多，同时，整个制造流程都会在自己控制之下，成本和质量心中有数，可谓一举两得。因此，企业把赚到的钱都投入到开发模具、买地建厂房和添置设备上。也就是说，在当时其他企业关注组装加工的时候，新宝股份就开始关注建立自己的制造优势，以质量参与竞争，这为新宝股份的发展奠定了重要的基础。

1994—2000
从利用国家优势发展到企业核心能力建立

进入 1994 年，国家实施宏观调控，收缩银行信贷，中国准备加入世贸，国有企业关停并转，大量人员下岗。处于转型期的消费者对未来没有预期，消费顿时变得谨慎，形成持币待购的局面，市场气氛十分淡静；同时期，国内小家电产业由于进入门槛比较低、技术含量不高，整个行业可以说是处于不可逆转的供大于求的状态，价格大战频繁发生。在这样的背景下，新宝股份瞄准了以国家优势承接国际产业转移所带来的机会，进军国际市场，实施聚焦于小家电的初步国际化战略。

新宝股份的国际化是通过"三板斧"起步的，一是，通过欧美的认证机构，获得了进入国际市场的资格。二是，通过国内外展览会接触国外客户，拓展企业的销售渠道。三是，通过出口代理和后来的自营进出口来承接 OEM 业务。通过市场从国内向国外的转移，新宝股份把外国客户对质量和货期的严格要求转化成自己提高制造能力的动力。尤其是在成本管理、质量控制，这一对看似相互矛盾的品质在新宝股份逐步达到统一，为其赢得了声誉和利润。在国际化的过程中，新宝股份不但避开了国内市场的价格战，同时使其制造能力不断提高，实现了 1994—2000 年业务的持续稳速增长，2000 年销售额达 3.6 亿元。

利用区域资源优势在国际市场成长起来的新宝股份，2000 年之前，表面上与珠江三角洲其他外向型加工企业没有什么不同，似乎都是以低成本为主要手段参与竞争，增长率并不大。但是，2000 年后，新宝股份的销量却以每年超过 50% 的速度增长，2005 年更以销售额达 32 亿元的业绩，远远抛开其他竞争对手。原因或可归咎为，新宝股份从一开始就把国际化看成是学习和建立企业特定优势的选择，把战略选择的重点放在知识积累和转移上，逐步实现从低水平的国际化向高水平的国际化转变，才取得今天不俗的成绩。

随着新宝股份的发展壮大，自身实力的不断增强，拥有自己的品牌成为新宝股份最大的愿望。因此，2003 年 6 月新宝股份提出了"巩固海外领先优势，创建国内强势品牌"的战略。目前，新宝股份正致力于创建自主品牌，迈向世界级企业的行列。公司已经成为我国小家电行业出口龙头企业，2007—2012 年蝉联中国最大的电热水壶、电热咖啡机、搅拌器、多士炉 4 类产品的出口商。旗下 12 大类 2000 多个型号产品能满足国际知名品牌厂商、零售商"一站式"采购需求。并已经形成了明确的竞争优势，即规模经济、研发体系、销售网络。中国已成为全球西式小家电重要的生产基地，新宝出口额则居行业第一位。2014 年公司还将启动生活电器业务，内销市场上公司采用自主品牌"Donlim"进行拓展，营销渠道以电子商务、电视购物、团购等新兴平台为主。

7.2 设计力的建设

新宝股份的工业设计部门从 2001 年成立时只有一个设计师和两个手板制作工程师,发展到今天有专业设计师和相关的工程师共 40 多人,并投资购买了设计软件和硬件(FDM 300 快速成型机、CNC 加工中心、精雕机、真空复模机、激光抄数机、数控车床、铣床)设备等,形成了价值 3000 万元左右的工业设计资产。如今的新宝股份工业设计已经开始逐步超越了产品的外观、功能、界面等设计范畴,从制造的层面逐步上升到企业战略层。工业设计不仅成为新宝股份新产品开发的重要支柱,而且成为企业核心能力。"良好的设计沟通、鲜明的设计哲学、严格的设计流程、明显的客户价值"是新宝股份工业设计能力的特质。

良好的设计沟通

新宝股份在与客户进行沟通方面努力实现两点。一是走出去,经常安排设计师出国参加展览,这使得设计师能从中感受行业发展趋势,提高对产品设计的感悟能力,获得设计上的灵感。同时,设计师广泛地参与到市场营销中,拿着他们的设计与营销人员一起去拜访客户,征咨客户对自己的设计意见、确认客户的需求。二是请进来,请国际著名品牌的客户设计师驻厂共同设计，这种零距离的沟通，不但提高了设计的效率，同时，通过这种共同设计方式，向国际著名品牌的客户设计师学习，能迅速提高新宝股份设计师的设计能力。在企业内部沟通方面，新宝股份通过提高企业内部一体化程度，成立跨部门项目组，召开"联席会议"验证设计在结构上能否实现，成本、质量能否达到目标要求。

鲜明的设计哲学

新宝股份在设计中秉承的设计哲学是"设计的连续性与创新性的统一"，这种设计哲学使新宝股份在 ODM 的国际化过程中发挥了重要的作用。所谓连续性是指要在设计上体现出新宝股份对目标市场与顾客的承诺始终如一，即企业针对欧美市场专注于厨房小家电；企业的低成本、高质量的经营定位；稳健、注重客户价值的经营风格。而创新性则是通过工业设计使企业能更好、更快地满足目标顾客的需求，不断设计出具有独特价值的产品，具体到对设计的要求就是严格的标准化设计流程。

严格的设计流程

设计流程一般来说由三阶段组成：设计需求确认、创意产生和设计实施。很多人会认为，设计是一个强调创新的活动，如果用流程加以标准化了，还会有好的创意出来吗？这是一种误解，流程不是排斥创新，反而是创新的一种工具，是减小创新风险的一种方法。如果一旦建立了标准化的设计流程，那么，正确而又充分的设计输入就能保证创新设计的成功，所以说，设计流程是现代设计的基础。新宝股份的设计流程（见图 7-1）涵盖了设计的三个典型阶段、突出了以市场为导向的设计理念，很好地体现了创新与规范的统一、效果与成本的平衡，保证了新宝股份的工业设计能够实现连续性与创新性的统一。

明显的客户价值

客户价值 = 客户收益 / 成本。在欧美国家，工业设计属于创意性质的工作，成本非常高。新宝股份不单为客户生产，而且同时为客户进行设计。一方面，减少客户在这方面的成本，使客户总成本大大降低。另一方面，由于新宝股份的创新设计为终端消费者提供更高的感知价值，从而使客户提高产品售价获得更大收益成为可能。这种建立在"物超所值"层面上的工业设计形成非常明显的客户价值。

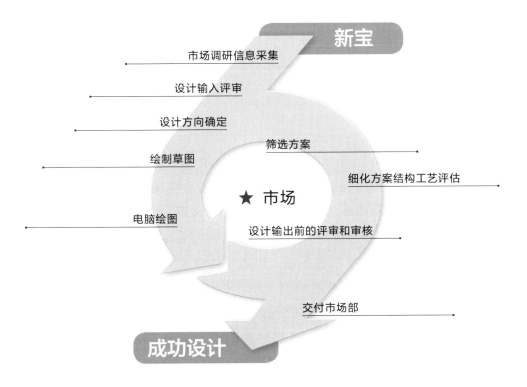

图 7-1　新宝股份的设计流程

7.3 设计建立企业核心竞争力

新宝股份所建立起的独特的工业设计能力，不但使新宝股份远离了模仿，在市场树立起创新者的形象，而且使新宝股份发生如下的改变：

A

优化了客户结构

原来新宝股份大部分的客户都是价格敏感性很强的低端客户，在形成工业设计能力后，客户的结构发生了改变，许多国际一流的品牌都与新宝股份发生业务关系。这种改变，使新宝股份的瓶颈客户和杠杆客户向新宝股份的核心客户转变（如图7-2所示），增加了销售数量，提高了订单质量，同时也提升了企业价值创造力。创新设计的产品，不但巩固老客户、大客户的忠诚度，同时，也发展了像 Philips、Kenwood 等国际一流品牌新客户。在英国市场小家电行业最知名的四大品牌：Morphy Richards、Kenwood、Breville、Russell Hobbs 所销售的产品70%都是由新宝股份生产的。

新宝股份在 OEM 阶段，与一般的企业区别不大，都是以成本要素作为主要竞争手段；在 ODM 阶段，新宝股份独特的工业设计能力使企业实现从"成本驱动"向"价值驱动"的转变。新宝股份的设计不单是形式上的创新，更重要的是功能的创新和产品理念的创新，如面包机和电饭锅二合一产品 XBM1328，多士炉和煮蛋器二合一功能的产品 XB8001（见图 7-2），具有烧开水、烤面包片和煮咖啡三种功能的早餐组合 MF3450 等。这些创新设计增加了客户的价值感受，提高了产品的附加价值（见图 7-3）。

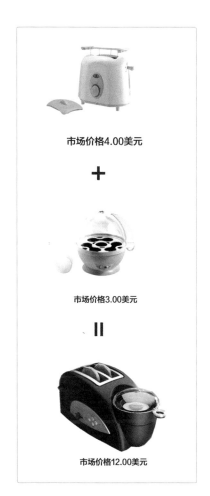

图 7-2 创新产品附加值的变化图

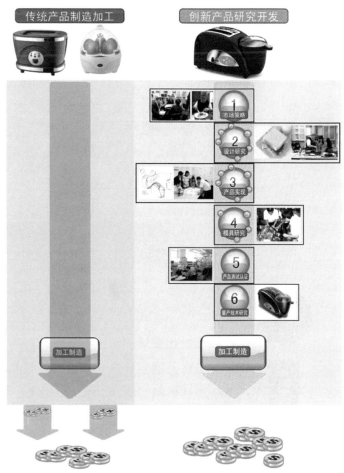

图 7-3 设计使得新宝从传统制造服务拓展到创新产品研发

企业靠订单来生存，其经营活动是围绕获取订单展开的。新宝股份的工业设计是以专注订单服务为导向，设计成功与否，是以设计是否能实现订单和订单的单价高低为标准的。在 OEM 阶段的订单主要依靠价格为手段获得，进入 ODM 阶段则是依靠价值为手段来获取。这两种获取订单的方式有明显的区别：一个是被动接受，另一个则是主动创造。新宝股份在形成工业设计能力之后，由于产品的附加值增加，提高了新宝股份讨价还价能力，实现了从被动接单到创造订单的转变，从而形成以创造订单为中心的经营模式（见图 7-4）。

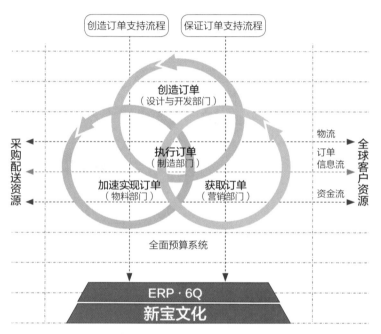

图 7-4　新宝股份以创造订单为中心的经营模式

新宝股份在建立工业设计能力的同时，为了使设计得以完美实现，一直努力地促进产品开发，增强新产品开发能力，掌握小家电行业所涉及的精细模具、食品级塑料、静音电机、电子控制系统等行业关键技术，使其在这方面形成了相当的实力。先后与科研院所建立产、学、研合作关系；与国际小家电跨国集团建立技术研发战略联盟，深入研究国际小家电研发趋势，并取得明显效果。

7.4 从产品创新到流程创新

　　注重客户价值，务实创新的企业文化，使新宝股份始终专注实业、聚焦小家电行业，以难得的实业精神走出了一条非常独特的成长路径（如图7-5所示）：起步于国内市场，进而拓展到国际市场，如今是国内、国际市场并重。在发展的过程他们始终回避低价格竞争，坚持知识的积累和转移，提升自己学习能力；在从简单组装到形成制造能力，再从利用国家优势发展到建立企业特定优势的过程中，她始终没有停留于低附加值环节，而是坚持扩大在增值环节上的投资，提升自己的价值创造能力。在具备了上述两个关键优

市场策略
1 市场信息收集和分析
2 消费行为与趋势分析
3 社会文化分析

设计研究
概念设计 1
基础技术研究 2
产品系统分析 3
用户研究 4
草图、模型 5

产品测试认证
1 安全测试认证
2 EMC 测试认证
3 环保与食品安全测试
4 可靠性实验
5 产品功能实验

产品实现
1 样机制作、综合评价
2 产品结构设计
3 关键部件研制
4 效果、外观模型
5 成本、材料、工艺分析
6 产品结构可行性分析

量产技术研究
生产工艺研究 1
精益生产研究 2
品质管理 3
特种设备研制 4

模具研究
塑料模具研制 1
五金模具研制 2
压铸造模具研制 3

品牌设计
1 VI、包装、UI 设计
2 品牌策划

图 7-5　新宝可提供的七个基本服务单元

势之后，她才最后向微笑曲线最上端的品牌建设攀升。其中给企业带来关键转变的是企业果断投入大量资源，建立起独特的工业设计能力。

　　而工业设计能力的建立，从早期表现在产品创新的层面，到了企业发展规模日益壮大，且面对日益激烈的国内外市场竞争环境之后，设计力的作用已不仅仅局限在工业设计的层面，而开始进入到整体的创新思维与企业经营的集合中。在新宝股份的实践中，工业设计的认知提升到了创新设计的层面，企业也不再只是关注单一产品的设计，而开始进入服务流程创新的阶段（图7-6）。

其他典型业务案例

1. 客供模具服务模式：

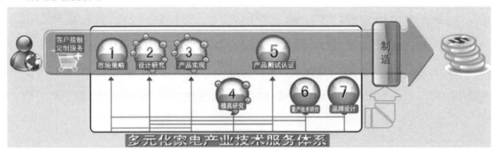

2. 关键零部件设计服务模式：

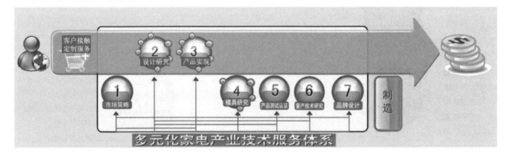

3. 模具研制与认证测试包揽服务模式：

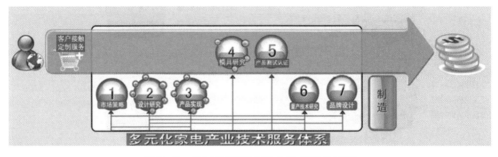

图7-6　多元化的家电产业技术服务流程

首先其业务模式被重新定义为以工业设计为核心的多元化家电产业技术服务，它是一种高弹性的服务形态，能根据不同客户的具体需求定制个性化服务方案。这一定义包含了几个层面的战略转变，首先，企业的核心业务从生产产品转到技术服务；其次，经营模式不再局限于 OEM、ODM 或是 OBM，而是形成更为灵活的"高弹性"服务形态，即服务流程内的每一个环节都可以独立发展运营，同时又可以和其他环节随意组合；最后，从工业化的统一生产转变成为个性化定制服务。

小 结

新宝股份的经验值得借鉴。其一，它重视实业、专注家电、注重长远、舍得投入，不是依靠简单装配低水平地扩大出口规模，而是大量投资提升零配件生产设备，形成精益制造能力，提高产品加工的附加值；其二，它不是单纯依靠我们国家所具有的低成本优势发展 OEM，而是关注客户价值，在工业设计领域建立公司特定优势，提高产品设计的附加值；还有，新宝股份并没有满足于 ODM 给自己带来的高收入，而是希望通过创立自己的品牌，进一步将自己在制造、工业设计和国际化方面的优势加以发挥，全面和高水平地参与国际和国内两个市场的竞争。所以，新宝股份的成长路径为大量以加工装配起步，以我国低要素成本为唯一竞争优势，饱受低利润率和低成长困扰的广东家电企业提供了重要的战略借鉴意义。

就新宝发展创新设计力的模式而言，也是比较典型的从初期投入设计，只是把工业设计作为产品外观造型主要手段和工具的工业设计追随者的角色，逐步发展到创新设计发展者的定位。通过新宝的发展与成功经验说明，从产品制造起步的处于红海竞争市场的企业，通过改进自己的设计认识，逐步强化设计力量，也一样能够走向服务型的发展方向。而要实现从制造到服务的转变，设计思维的导入是必不可少的。只有这样，才能系统地看待企业竞争力的建设，设计也才能够发展成为核心竞争力之一，且即使仍然保持制造等核心业务，企业也一样可以跟随知识经济发展的潮流，提供差异化和个性化的定制服务。

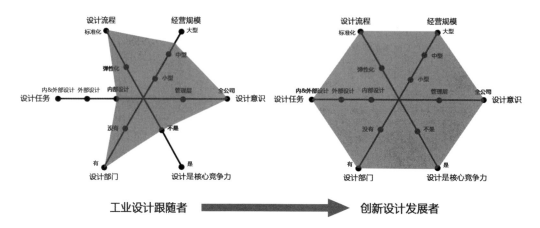

图 7-7 新宝股份的创新设计发展模式

CHAPTER EIGHT | 第八章

系统创新：百利文仪 VICTORY

2008 年，中国办公装潢市场进入到一个严峻的时期，面对金融海啸，传统办公家具市场急剧萎缩，相应的装修工程量也大幅减少。当时排名在国内办公家具品牌第二位的美时也被美国 HNI 集团收购，成为其旗下公司。面对这一市场，百利潜心研究用户与市场，重新定义其发展战略与价值点，提出了以活态商务空间为主的设计理念，并以此为基础建立了整体方案解决专家的新市场定位。自此，企业逆市场走向发展，进入了一个新的发展时期，公司销售额年增长率自此一直保持在两位数以上。

成立于 1989 年的百利集团是一家集研发、制造、销售、售后服务于一体的大型专业化办公家具企业。经过 20 多年的发展，集团现已拥有一个驻海外的产品信息工作站、一个国内成套的产品研发中心、广州从化百利工业园以及占地 10 万平方米的制造基地，生产产品涵盖了实木桌组、板式桌组、屏风工作站、沙发、座椅、钢制品 6 大系列，并拥有北京、上海、广州、深圳、香港 5 个分公司和 100 多家品牌总代理的销售及服务网络，到目前为止，百利共获得 80 多项殊荣，150 多项国家专利。

8.1 商业运营再定义：
从传统装修到工业装潢

百利今天的成功来源于面对 2008 年发展困境的思考，当时企业仍旧以办公家具生产为主，并没有像其他品牌一样盲目的以市场策略应对，只关注价格、成本和产量控制。和其他领先品牌不同的是，百利在全国各地组织办公家具的客户与设计师开展了多轮研讨会，深入了解现有办公空间装潢的问题点。最终，通过将近 1 年多的调研，企业总结了传统办公装修的"六宗罪"，并对此进一步提出自己的解决方案和企业未来发展的策略方向，决定在做好办公家具生产的基础上，开始拓展到施工的部分，进而逐步发展成为整体办公空间解决方案的专家。

传统装修的问题

在传统的装修工程中，往往先由客户提出需求，由客户寻求的专业设计团队设计并出施工图纸，其中包括水、电等配置与规划。客户按照要求采购材料和配套产品，之后由各类专业的施工队负责装修，其中主要包括土建施工、水电施工、门窗安装、墙面及地板施工等。在基本的工程完成之后，再由设计师进行室内设计，客户按照室内设计的布局和要求进行家具采购，待家具安装完成后，即完成整个装潢过程。

百利在调研中发现，这类传统装修主要问题是以下六点：

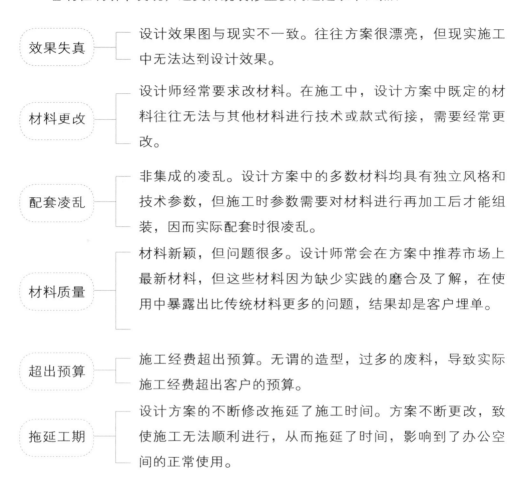

效果失真 —— 设计效果图与现实不一致。往往方案很漂亮，但现实施工中无法达到设计效果。

材料更改 —— 设计师经常要求改材料。在施工中，设计方案中既定的材料往往无法与其他材料进行技术或款式衔接，需要经常更改。

配套凌乱 —— 非集成的凌乱。设计方案中的多数材料均具有独立风格和技术参数，但施工时参数需要对材料进行再加工后才能组装，因而实际配套时很凌乱。

材料质量 —— 材料新颖，但问题很多。设计师常会在方案中推荐市场上最新材料，但这些材料因为缺少实践的磨合及了解，在使用中暴露出比传统材料更多的问题，结果却是客户埋单。

超出预算 —— 施工经费超出预算。无谓的造型，过多的废料，导致实际施工经费超出客户的预算。

拖延工期 —— 设计方案的不断修改拖延了施工时间。方案不断更改，致使施工无法顺利进行，从而拖延了时间，影响到了办公空间的正常使用。

在百利看来，这六宗罪既是传统办公装修根深蒂固的问题点，也是他们未来发展的机会点。百利为自己定下了持久的发展目标。在经营上，办公家具品牌产品的生产，是公司自成立以来累计的经验和经营基础。进一步拓展到装潢施工服务，并以整合生产计划、物流计划、现场施工和交付验收的方式实施设计、施工、管理一体化。并以此为基础，深挖企业的价值点，提供整体设计方案和专业顾问咨询服务等服务型业务模块。

第一步的战略就是经营业态上的新定位，即整体方案解决专家概念的提出。具体到施工一体化的价值点，百利对应传统的手工装修提出了工业装潢的新理念。在工业装潢中，百利整体规划空间方案，从不同的方面以系统思维的方式解决原来的各个环节沟通不畅、经验不足、资讯缺乏而导致的浪费、缺失。

具体的系统运作思维体现在以下几个方面

| 综合考虑客户需求和产品配套问题 | 从天、地、墙、光、声、味等六个要素整体规划空间、产品、使用性（图8-1）。 |

| 提高现场施工效率 | 80%的产品和安装组件在工厂内施工完成，而到现场只有20%的组装工作（图8-2）。 |

| 绿色环保 | 没有现场施工的噪声和粉尘污染；全部采用环保材料；在设计时考虑材料、产品的可重复使用率。在企业搬家时，约95%的装修产品与材料能通过简单拆卸后搬走，运输到新的办公场地快速组装使用（图8-3）。 |

| 项目管理 | 信息化的项目管理平台建构，专业的管理团队。 |

| 工业化生产 | 以工业化生产保证产品品质的一致性，同时也大大提高了生产效率，缩短交付周期。 |

| 采购平台 | 利用其制造办公家具的专业经验，配套采购具备同样高品质的品牌产品，如照明的灯光、地板、地毯、智能控制系统等。为客户提供一站式的采购平台，同时提供可靠的质量保证。大幅减少了施工中的配套问题，减少浪费，提高效率。 |

图 8-1　整体配套的办公空间

图 8-2　现场组装完成的空间

图 8-3　灵活可再利用的高隔柜系统

在通过一系列的改进措施之后，新提出的整体方案解决专家在效率、环保、品质和价值增长四个方面均比以手工为主的传统装修有了大幅的增长。通过表8-1可以更清楚地通过数据展示这一增长成果。

表8-1 百利工业装潢和传统手工装修对比

	传统装修	工业装潢
效率	5道工序：打木框架、扇灰、油漆、干燥、装门 施工期：约200天 交期无保障 损耗20%～50%	2道工序：搭框架、扣板 施工期：约67天 模块化施工 缩短工期50%～70%
环保	甲醛大量残留	甲醛释放量标准E1级，低污染
品质	现场手工作业，标准无保证	工业化生产，统一品质
价值增长	重复使用率为0 价值无增长	重复使用率约为95% 价值高增长

8.2 设计思维的导入：从融合配套到专业顾问

在通过 2008 年的市场调研之后，百利不但提出了业务模式的转变，即从办公家具生产品牌向提供施工一体化的服务品牌转变的方向，更为重要的是设计思维的整体导入。设计思维开始反映在企业业务模式拓展的各个层面，支持企业核心竞争力的发展，为企业的制造与服务提供主题与内涵。针对传统手工装修的六宗罪，百利综合提出了"活态商务空间"的概念。其内容包括：

a　愉悦的：融合办公组织行为

b　生态的：环保、灵活、多变的空间

c　高度配套集约化：整体解决方案

d　商务空间整体增值：重复使用率高

e　自由流动的生命力：天、地、墙、光、声、味

f　高效的信息交流：智能系统（图 8-4）

图 8-4　智能系统

活态商务空间作为设计思维的代表，为商业运营的整体方案解决专家所包含的四个业务模块提供不同的设计内涵。融合配套主要关注的是核心产品，如家具、隔间和 IT 设备等，因而在设计思维上的活态概念表现在对于人性化需求的考量和和谐环境的追求（图 8-5、图 8-6）。施工一体化虽然重点在于项目的管理与运作，但设计思维的活态可以通过信息化平台的设计进一步体现。发展到整合设计服务阶

图 8-5　灵活多变的空间　　　　　　　　　　图 8-6　人性化的座椅

段，空间设计和交互智能等是业务关注的重点，对应于此，活态商务空间的设计思维更多地反映在通过研究各种办公组织行为而提供多样化沟通的可能性，以及因应团队和个人组合变化而对空间功能需求产生的变化（图 8-7）。当发展到专业顾问阶段，体验设计成为活态商务空间的关注重点，包括生活化元素的引入、趣意体验空间的设计以及不同角色的多样化需求的满足。通过对于四个运营模块的活态商务空间概念的解读，运用设计思维，百利进一步通过设计支撑其产品和服务的差异化特色，核心竞争力也由此发展建立，并且能够在工业化制造的基础上，尽最大可能为客户实现满足其自身需求的定制化服务。

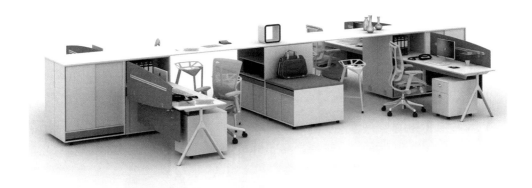

图 8-7　融合办公组织行为的空间布局

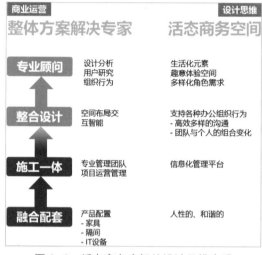

图 8-8 活态商务空间的设计思维表现

从融合配套、施工一体、整合设计到专业顾问，四个层次业务模式的不断发展不但代表了百利追求价值点的改变，也代表了其重点从制造到服务的转变（图8-8）。同时，这四个层次的发展也对应了企业的经营模式从代加工制造（Original Equipment Manufacture，OEM）、代设计制造（Original Design Manufacture，ODM）、自有品牌管理（Original Brand Management，OBM）向自有战略管理（Original Strategy Management，OSM）的转移与发展。

在以融合配套业务为主的阶段，百利关注的是办公家具的制造，尤其是板式家具和五金产品的制造技术的掌握与提高。基于自身累计的优质家具及相关产品的制造经验，百利可以帮助客户以同样的标准采购相关配套产品，从而逐步建立采购资源平台。而就百利自身而言，其在这一阶段的主要活动是制造，并以产品为主，因而是产品驱动其业务发展的阶段，是典型的 OEM 经营模式。

发展到开展施工一体化时，虽然这已经在原有产品生产的基础上提出了整合施工服务的概念，但就经营模式而言，百利既没有进入以设计服务为主的经营业态，也没有着重发展自身的品牌，因此还是属于 OEM 的经营模式。只是建立在原有 OEM 基础上的服务延伸的概念。和融合配套阶段以产品驱动为主的发展不同的是，在施工一体化阶段企业开始逐步转向由服务驱动的发展。

发展到整合设计业务模式时，企业才真正进入到由设计引领经营发展，并进而转向 ODM 和 OBM 的经营模式。百利通过为客户提供活态商务空间的整体设计方案，形成以设计驱动业务发展的新机会。以此建立全面的品牌形象，完善产品和服务体系，并以设计为驱动力带领制造和服务等各项业务的发展，为客户提供整合化且多样化的服务选择。

在发展至专业顾问阶段，百利通过累计不同行业办公装潢需求的经验，逐步建立起行业知识和标准。同时，在已有的设计力基础上，通过用户研究发掘和定义潜在的市场机会点，为客户提供专业的空间研究报告，建立起独立的专业顾问咨询能力。百利从整合设计阶段的设计师角色，逐步发展成为专业顾问阶段的规划师角色，帮助客户从专业的角度量体裁衣。同时，百利也由此建立起了完善的业务模块体系和价值构成体系，设计和企业经营战略紧密融合，真正进入到 OSM 的阶段。发展至今，百利已深知融合这四方面，建立完整设计知识体系的重要性，因此，企业已建立活态空间研究发展中心，为融合配套建立活态联盟，为施工一体提供设计监理服务，为整合设计提供设计方案，并为专业顾问提供知识体系基础（图 8–9）。

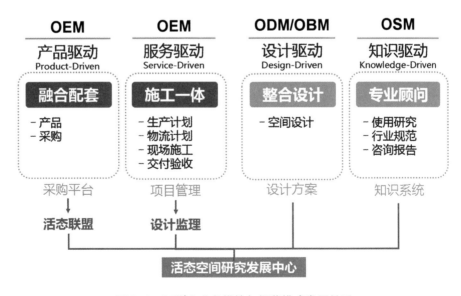

图 8–9　百利之业务模块与经营模式发展关系

在 2008 年后百利转型升级采用的新战略中，设计扮演了极为重要的角色。设计不但构成了活态商务办公空间的主要内涵，更通过对于四个业务模块的直接支持，为企业新拓展的服务内容提供了差异化的竞争优势，同时支持了企业核心竞争力的发展以及多样化的业务与客户服务。

设计在融合配套的业务模块中主要通过对于核心办公家具产品的设计力表现出来，在施工一体化中，其表现在建立信息化系统的设计思维中。在整合设计中，它直接反映在百利所提出从天、地、墙、光、声、味六元素入手的活态商务空间设计。而百利发展的专业顾问业务的核心就是对于不同产业行业的办公空间装潢所应该注重的用户需求、行业特征、标准规范等设计知识的累积。

设计也同时承载了百利核心竞争力的发展。就百利的业务类别而言，涵盖了制造和服务，且重心日益向服务偏移。其制造型核心竞争力主要有两点：①建立工业／行业基础的核心产品制造技术，包括板式家具、五金、高柜等的优质产品制造；②施工一体化的柔性加工、快速交付能力。而服务型核心竞争力包含四个部分（见表 8-2）：

1）活态空间的空间六元素，天、地、墙、光、声、味；

2）在专业顾问业务中建立的行业标准；

3）活态联盟建立的系统平台；

4）研发中心建立的规范化知识体系。而在此六个核心竞争力中，设计从产品设计、设计监理、空间设计、设计标准、设计知识五个方面给予支持。

表 8-2　设计与核心竞争力的关系

核心竞争力	经营特色	设计力	经营模式
1. 核心产品制造技术	工业 / 行业基础	产品设计	OEM
2. 柔性加工、快速交付	施工一体化	设计监理	OEM
3. 空间六元素（天地墙光声味）	活态空间	空间设计	ODM/OBM
4. 行业标准	专业顾问	设计标准	OSM
5. 系统平台	活态联盟	设计知识	OSM
6. 规范化知识体系	研发中心	设计知识	OSM

有了这些设计力的发展和建立，百利得以灵活的运用在不同的业务模块组合和客户类型中。就其业务发展而言，也展现出活态的特色，从早期做产品的融合配套中以销售产品为主，到施工一体化中销售项目运作及施工管理服务，到整合设计中销售空间设计解决方案，直到最终走向专业顾问的角色以销售行业设计知识标准为主。

由于支持这四个业务模块发展的设计力是有机存在于百利的整个组织结构和运作体系当中，因而企业可以灵活地组织应用在不同的客户层面，其中最为主要的特色之一就是分专业行业建立设计标准与设计知识系统。通过为国际一流汽车品牌如奔驰、宝马等的合作服务，百利逐步累积了汽车 4S 店规范化装潢要求。在这类合作中，客户品牌依据自身的标准提供装潢需求和设计规范与标准，百利只是承担施工与产品配套的部分，即在合作中扮演产品与服务供应商的角色。通过合作，累积了国际汽车品牌 4S 店装潢的规范和发展要求，从而逐步建立起百利在这一行业的设计知识标准与规范。以此为基础，可拓展到为国内汽车品牌的服务中。而在面对国内汽车客户时，由于百利掌握了国际品牌的先进设计理念，可以以此引领本土品牌的 4S 店设计，在这类合作中，百利扮演了引领型的角色。百利不但为客户提供从专业顾问到产品融合配套的一条龙型的服务，更通过其累积的行业知识标准培养客户的专业设计能力。用同样的方式，如今百利的行业知识累积已经从汽车产业逐步拓展到 IT 业以及金融业。

小 结

　　百利的发展历程典型性的代表了从工业设计跟随着的角色到创新设计发展者的转变。就对于设计的认识和应用而言，2008年前的百利，对于设计的认识仅仅局限在对于板式家具、五金等核心产品的产品设计，即工业设计的概念，和其他生产制造办公家具的品牌并无差别。而要仅仅通过产品设计形成差异化的竞争力，并且持续保持，无疑是很难达到的战略定位。因此，其创新设计力的发展在该阶段只是跟随者的角色，并没有形成自己的特色与优势。到了2008年之后，通过转变对于设计的认识和重新定义发展战略，企业开始把设计应用在更为广阔的业务范畴，拓展到整体空间设计和专业顾问而提供设计知识服务。在企业自身设计力的建设上，也由单纯依赖内部设计进行产品的外观设计，拓展到通过与外部设计的合作提供处于价值链前端的顾问服务，即内外部设计力共同发展。在这一阶段，设计成为企业的核心竞争力，从而进一步使企业建立了真正差异化的竞争战略。对于设计的意识，也从工业设计的概念发展到创新设计的整体，且设计作为驱动力融入到企业的制造、服务、经营模式、核心竞争力等方方面面。百利的战略转型，对如今尚处于传统产业的红海竞争中的企业寻求转型升级、以设计建立差异化的核心竞争力无疑有着非常重要的现实借鉴作用。

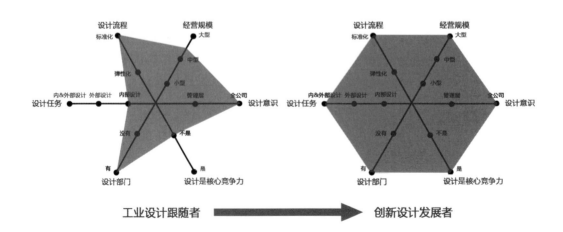

图 8-10　百利的创新设计力发展路径

CHAPTER NINE | 第九章

品牌创新：基本生活 EMOI

日常生活用品是每个家庭都必需的产品，其产品类别广泛，市场需求量大，且单价低，因此始终是最主要的消费市场之一。而就企业投入而言，因为没有过多的技术门槛，对于企业的投资总量、资源配置等能力要求低，因此是许多中小型企业投资创业的首选，也始终是最为激烈的市场竞争之地。尤其在我国现有的成熟的制造力基础之上，日常生活用品更是"中国制造"的主要内容，成本与价格的竞争往往是这一市场中成功的关键所在。当下中国的这一市场无疑是竞争最为激烈的红海，而作为后来者要在这片红海中脱颖而出，且成功创立自己的品牌无疑是一件难上加难的任务。

基本生活（emoi）就是一家这样的企业，它是成立于2001 年的家居用品连锁品牌，从 2008 年开始，通过创新设计品牌形象，开创针对中国中高端消费者且提供创意设计生活方式的新品牌。其"简单、美好、可持续"的品牌理念深受大学生、白领和精英人士的欢迎，短时间内颠覆传统家居产品行业价低、同质化竞争严重的局面，成为中国家居行业最有影响力的品牌。至今已曾在深圳、香港、北京、天津、上海、广州、杭州、成都、沈阳、泰国曼谷、墨西哥墨西哥城等各大国内和国际城市建立 40 余间品牌连锁店面，并开始国际化的道路。

9.1 从红海到品牌创立

红海竞争中的"品高"

基本生活品牌的前身是创立于 2001 年的品高公司，当时企业专注于 OEM 和 ODM、出口和国内市场批发。在激烈的市场竞争环境中，企业因为经营者独到的设计眼光，产品逐渐脱颖而出，在市场上受到欢迎；很多家居店铺发展为品高的经销商，销售其产品。然而由于其经营模式为 B2B，虽然在家居产品业界出名，但是在消费市场并不是广为人知。也正是这段经历和经验，使得企业开始重新思索自己的发展道路，即如何在已经累计的家居产品设计、生产、销售和原始资本的基础上创建自己的消费市场品牌，直接面对终端用户。

从 2002 年起，企业就开始着手相对应的品牌定位和产品规划，这是一个花费了近 6 年时间的酝酿期。与当时市面上的家居用品公司主要用低价吸引消费者的策略不同，品高着重于用好的设计创造更精致的产品和生活体验，而不是做低价的可有可无的产品。在新战略订立之初，企业遇到了很多企业都会遇到的问题，比如没有外部支持，缺乏人力资源、财务资源、市场资源、网络资源等。但凭借之前经营品高的原始积累以及对于品牌建设的坚持，这些问题随着企业策略发展的逐步深入和完善被一一克服和解决了。除了这些硬件条件的缺乏之外，另外一个更大的挑战就是团队的建立和培养。由于原来品高主要的经营模式是 B2B，在转换到 B2C 的业务时，团队的知识结构、能力、对行业的理解都需要重新调整和发展。因此，在扩张及建立新的团队的同时，企业又面临学习如何建立品牌、如何设计研发适合品牌价值的产品、如何搭建国内消费市场等一系列新的课题。和其他从 B2B 转向 B2C 经营的企业不同，尽管基本生活在锁定发展自有品牌的目标之后就始终坚持自己的战略道路，但并没有急切地设立时间点以尽快发布品牌，获取品牌的经济效益。企业的人才及知识储备是在几年间逐步建立的。应该说，新品牌的创建是一个没有既定时间表的工作，即一切以做到最好为标准，而非以时间为要求。

新品牌：基本生活

2008 年国际经济危机严重，品高的出口订单受欧美市场波动的影响大幅度下降。在这一大环境下，为了化解危机，经历了长时间准备的基本生活品牌正式创立。通过数年的规划，新品牌确立了"简单、美好、可持续的生活方式"的品牌理念，并在 2008 年 12 月，于深圳 OCT-LOFT 华侨城创意文化园设立了第一家概念店，为消费者提供独立、差异化、个性化的产品和品牌体验。

图 9-1　基本生活在 OCT-LOFT 华侨城的第一家概念店

| A. 品牌初创期 |

由于基本生活在 2008 年国际金融危机的环境下进入市场，因此面临的一系列问题。首先，合作伙伴因为经济环境严峻、经营困难，无法生产供应货品，从而影响基本生活的经营。其次，由于消费者普遍习惯低价购买家居生活用品，对于本土品牌缺乏信心和信任，基本生活需要时间培养消费市场和消费习惯。另外，在团队内建立统一的价值观和对于品牌的核心价值的统一认同都需要花费时间。

| B. 品牌测试期 |

从 2009—2010 年，基本生活进入了品牌测试期，专注于培养品牌纯度，进一步塑造品牌形象。与此同时，建立了线上、线下的多种销售模式，包括：建立了线上销售平台，与国内外电商如淘宝和亚马逊合作；拓展线下企业团购及其他分销渠道的可能性；陆续在香港铜锣湾、北京西单大悦城以及全国各地的高档商业中心开设约 40 家直营专卖店；开启国际业务市场，在泰国、墨西哥开设专营店。短时间内的迅速扩张，让基本生活迅速积累了包括产品设计、产品开发、空间规划、品类规划、供应链管理、电子商务、大规模生产的多种经验。随着国内中产阶级的人数上升，基本生活逐渐积累了一批认同其理念的忠实用户。新品牌终于在市场站稳脚跟并成功的赢得目标人群。但是，随着企业的迅速扩张，一些新的问题又开始出现，如大规模生产的低成本控制与产品个性化设计之间的平衡、运用外部资源建立有效销售渠道等。

| C. 品牌发展期 |

基本生活品牌终于在 2014 年迎来了它的快速成长。从这时起，企业的市场规模趋于稳定，财务收益逐渐增加。基本生活进一步把发展战略定位为设计平台化、零售体验化、传播互联化，以此作为下个阶段的重点发展目标。具体而言，首先，将研发设计流程逐渐规范化，发展生产平台以在产量和个性化产品之间找到平衡。其

次，增强零售店的销售体验，从产品设计、展示、服务等品牌传播的各个环节为消费者提供统一的体验。再次，电子化和智能化，在企业发展初期的竞争对手有很多，比如宜家、无印良品等，随着互联网和智能浪潮席卷全球以及与行业竞争对手进行差异化竞争的需求，基本生活决定发展软件＋硬件＋互联网模式的家居生活用品和全方位的智能家居生活体验。未来 3 年内，基本生活大部分的产品将会逐渐实现智能化。最后，国际化，基本生活将进一步开拓国际市场，除了在泰国曼谷和墨西哥墨西哥城开设专卖店以外，其智能产品在旧金山和欧洲等地也已经实现首次发布。

9.2 基本生活的品牌发展

简单、美好、可
持续的品牌理念

品牌的发展和时代背景是紧密相连的，所有成功的品牌都植根于其所处于的时代。传统的品牌受当地的价值观、文化、习俗、观念的影响，地区性或者国家性比较明显。而随着互联网的发展，信息传播和知识普及迅速，以往的地理边界被打破，文化、美感、价值观、生活方式在全球都趋向统一。基本生活相信不同地区的人们对产品的认知形成了普遍的美感——简约，因为简约是最容易被接受的美感，让产品设计最容易被读懂，即使文化、环境、教育、习惯等差异很大的社会也能够容易沟通和接受。简约的设计更容易让人了解、接受，并产生情感连接。因此基本生活的英文命名 emoi 和情感相关，emoi 来自于 emotion（情感）和 I（我）两个英文单词：emotion 代表"情感"，注重人通过长期使用器物而对其产生感情，并且这种感情为生活带来的感受；I 代表"我"，也就是消费者。品牌名称探讨了人与产品、人与环境以及人与生活的连接方式。

因此，基本生活的品牌理念是"简单、美好、可持续的生活方式"，追求非地域性的而是有全球影响力的品牌效应。相对应的设计理念是无国界的普遍美感，去除装饰性设计，探讨生活方式的本源。同时，也倡导着多样性、开放、环保、公平的态度。

"无形"的品牌运营

基本生活的客户群体主要为年龄在 20~40 岁的大学生、白领等喜欢创意产品并认可设计价值的人。企业通过研究发现，虽然日常生活用品的市场竞争十分激烈，但市场上却始终没有设计感强、质量好的本土家居生活用品品牌，没有企业在尝试带领这个行业的品牌化、连锁化的经营路线。因此，基本生活瞄准了这个空当，通过线上、线下以及两者结合的运营，提升品牌的知名度和影响力。线下除了实体店、品牌概念店的发展，更发展了一系列的社会化活动，如捐 5 块钱给熊猫即可换领基本生活杯子；收集旧塑料瓶即可换取水杯等。在设计方面，开办了清华设计工作坊，与香港理工大学设计学院开展研究生课程合作、赞助设计体验大会 IxDC 等，提升自身的行内形象及知名度。同时，基本生活积极参加国际展览会，如全球消费品行业最重要的德国法兰克福春季国际消费品展览会，以此在国际市场推广品牌形象。

线上不仅仅意味着电商平台的发展，更重要的是与目标人群的接触与宣传。考虑到目标人群大部分是文艺青年，或是对生活质量有追求的人，同时也喜爱音乐、艺术等。这种消费者很多都是在社交媒体的用户，因此基本生活在微博和微信等社交媒体上与消费者进行互动和品牌宣传。为了改进产品让消费者满意，在新产品设计开发完成之后的测试期，基本生活会在微博上邀请用户使用，根据用户反馈，改善产品，再推出市场。

9.3 产品创新设计

基本生活的产品分为智能生活、居家生活、健康氛围、个人随身在内的四大类，并且在持续增加产品种类以满足细分市场需求。其"简单、美好、可持续"的品牌理念也通过产品的设计、素材、功能、技术四个要素分别给予细化的定义以指导实践。好设计指的是可以满足日常生活需求、带来美好感受的产品；素材则是通过在全球各地规模化采购为保证产品质量打下坚实基础；功能是指从使用者的角度出发注重产品的功能与体验，满足使用需求；技术指的是通过不断改良工艺、开发技术，透过技术提升生产力、降低生产成本。

通过这样细致的品牌及产品创新定义，基本生活实现了从品牌理念到产品创新原则的对应与一致性，品牌创新的系统结构建立在本土品牌的发展中是十分罕见的。

基本生活关注人们对产品的健康、环保、天然、安全方面的需求，提出了"可持续"的理念。具体体现在对产品质量、材料选择、生产流程的要求上，包括：

1）提高产品质量，增强持久性；

2）尽可能选择天然环保无污染的材料，增加循环性；

3）改进生产技术，提高资源利用率，最大限度节省材料与能源，避免对自然资源的浪费。

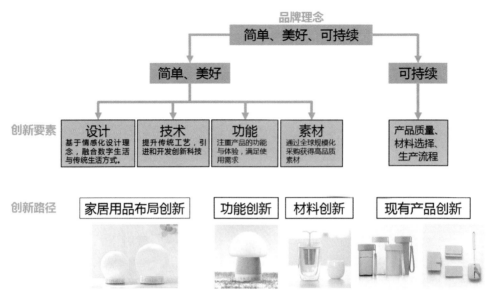

图9-4 品牌理念到创新路径的系统结构

与现有家居物品进行对接

现有家居用品的创新即是通过研究家居生活习惯，并通过提升质量、使用安全素材，延长产品的使用寿命，以实现"可持续"的品牌理念。秉承此产品创新路径，基本生活已经发展出诸多成功的产品。典型的是环保随身杯（图9-5），产品选用专利材质PCTG，100%不含BPA。防漏杯盖设计，更方便出行随身携带。为了增强用户使用感受，杯盖挂绳位置凸起设计为着力点，可轻松打开盖子。硅胶挂绳，手感柔软，且耐用，易清洗。

坚持环保可持续的概念，通过材料创新应用的角度也可以对现有产品进行改进或创造，最为典型的是基本生活由

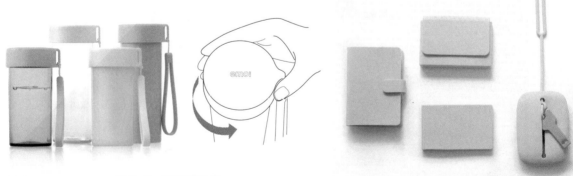

图9-5 环保随身杯　　　　　图9-6 硅胶钥匙包和硅胶名片夹

此开发的硅胶系列产品（图9-6）。该系列产品都采用环保的硅胶材料。硅胶为一种无毒，对环境友好的聚合物，特点在于安全、可回收利用，可自然降解，且不易变形，有更佳的耐用度与耐热性。其中的钥匙包同时可收纳钥匙与卡片，材质舒适柔软，防止钥匙与其他物品摩擦，且环保易清洗。而硅胶名片夹内藏磁性暗扣设计，开合方便，双层分类收纳名片。

材料创新

材料创新表现在把不同的材料运用在同一个产品上，探索家品中不同材料搭配产生的碰撞。例如独特设计的漂浮茶漏，上盖为自然绿芽造型的硅胶材质，搭配不锈钢茶漏与高温白瓷底座，不仅在泡茶时可以随心调节不同浓度，泡茶后可将茶漏置于茶漏座，保持桌面洁净的同时还可装点居家和办公环境。

功能创新

功能创新的重点在于不同功能的组合尝试。如LED花瓶灯就业LED灯与花瓶的组合（图9-8）。通过结构部件的自由组合，可以变成LED花瓶和LED花盆，使用者可以根据自己的喜好自由选择。跨功能产品蘑菇音响灯，结合音乐，氛围彩灯、免提电话、定时音乐、闹钟、移动电源等功能，并融合多种控制方式，包括智能APP控制、触拍感应和按键控制，带来更舒适的用户体验。

图9-7　漂浮茶漏

图 9-8　蘑菇音响灯

图 9-9　智能情感音箱灯

**软件 + 硬件 + 互联网
的家居用品布局**

　　基本生活未来着眼智能家居用品，研究产品与人的新的互动形式，以提供更好的功能、更具情感化的体验，让人们可以享受高科技为家居带来的方便、舒适和乐趣。以此路径为代表的成果是推出跨功能的智能产品：情感音箱灯。音箱通过蓝牙和手机联系，可以播音乐和接电话；同时，作为接触式台灯，使用者只需拍打软灯泡，便可以调节其开关和亮度。将产品放在卧室里面，还可以远程控制接听电话和播放音乐，并可作为移动电源给手机等移动设备充电。

9.4 多元合作模式的建立

销售模式

　　基本生活的销售模式因国内市场和国际市场的不同而有所差别。国内市场的销售途径包括零售店、电子商务以及企业团购三种方式。三种方式互相补充以满足不同客户的需求，且三者均衡发展。零售店的类型还进一步分为概念店、标准店、精选店、迷你店。零售店铺的合作方式分为品牌自己经营和合作店铺，通过这些零售店，提供更多的机会让消费者亲临店铺感受 emoi 提供的基本生活品牌理念，与品牌密切互动，分享美好生活感受。概念店的主旨在于体验零售，融合多元业态，一般都设有产品销售区、咖啡体验区、展览讲座区等多功能区域。标准店的重点在于展示及销售全系列产品。迷你店是在黄金地段和其他品牌进行合作而拓展出的零售店模式。

图 9-10　基本生活标准店

电子商务的平台主要有两个，即基本生活官方网店以及第三方网站，包括淘宝、天猫、亚马逊等线上平台。通过推广合作和分销合作使消费者能够在任何时间都可以购买产品，获得优惠信息，享受便捷与快速的购物方式。

图 9-11　基本生活官方网站

基本生活为大宗采购的企业客户提供贴身服务，免费热线咨询与专人接待。除了常规大批量制造产品，也可以根据企业品牌形象个性化定制产品，作为答谢客户与伙伴、鼓励员工或企业自用。通过大规模销售的企业礼品确保量，同时通过和优质品牌的企业成为伙伴，提升基本生活自身的品牌价值，实现双赢。

在国际市场上，基本生活与全球企业伙伴合作，通过代理、分销、加盟和电子商务等方式发展国际市场业务，与合作伙伴共同成长。品牌如今已经在国际市场初试拳脚，并于 2013 年 11 月 27 日在泰国曼谷 Siam Center 购物中心一楼全新开幕，于 2014 年 5 月在墨西哥墨西哥城的 Interlomas 购物中心闪亮登场。

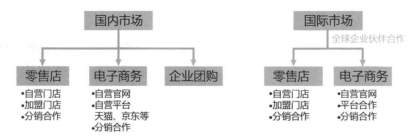

图 9-12　基本生活销售体系

供应链生态系统

基本生活的发展和完善优质的供应链生态系统息息相关。与众多优质伙伴紧密合作，可以满足企业从设计端到仓储、物流、渠道的完整高效流程的需求。而与基本生活合作的供应链伙伴都是全球各个领域的知名厂商，其中包括：有机棉花提供商 Organic Exchange，其作为全球最具影响力的有机农业慈善机构，致力于推动有机耕作更大范围的应用，提升环境质量和农民的生活水平以及推动公平贸易；环保材料供应商伊士曼化工公司，其提供的环保素材更耐热、耐冲击、安全环保；精油供应商 IFF 国际香料公司是全球领先研发多种香水产品与独特香气的创造公司，它为基本生活提供天然成分提出物制成优质香薰精油；日本的空间气味专家 @aroma 为基本生活提供天然成分的花香与木香天然香薰精油；同时，基本生活还采用森林管理委员会（FSC）认证纸张，这类纸张环保优质，有效保护森林资源；羊毛毡材料则是与德国 BWF 合作共同开发。通过与这些国际一流的供应商合作，一方面使得基本生活的产品始终有着优秀的品质保障，另一方面，使得品牌建立了一个完整的供应链生态系统，且通过与供应商的合作开发，还能够使基本生活的产品不断保持各个方面的持续创新力。最为重要的是，通过这一高标准、高质量的供应链生态系统的建立，使得基本生活的产品从一开始就以国际标准出现，为品牌的国际化铺平了道路。

9.5 设计力的发展

A. 基于产品平台的设计、品牌、商业战略整合

　　基本生活的设计和品牌与其商业战略发展紧密联系。在其战略规划中，设计不仅仅局限于某一个产品，而是一种整合的方式。通过设计思维，企业的战略整合了品牌形象、品类规划、产品设计、材料选择、生产流程、展示设计、服务体验、用户使用等各个环节，保持着品牌的统一性和持续性。

　　而联系设计、品牌、商业战略的最为重要的实践纽带就是基本生活建立的产品平台战略。基于这样的平台战略，使产品能够在平台上保持和继承已建立的竞争优势，取得持续发展的力量。平台上的产品规划与选择的标准都以和现有市场上的产品形成差异性为基本要求，加之更好的设计和品质，从而使产品在具备品牌特色的同时又具有差异化的竞争优势。因此，每一类产品在开发初期就考虑其纵深发展的可能性及路径，以保证从第一代可以一直持续迭代，而非短期的一次性的热卖。通过向产品纵深的发展，让企业可以长期持续积累创新能力，对一个品类的设计、技术、功能等方面展开深度探索并累计经验。同时，一个品类的产品也需要有横向发展的能力，即通过发展品类里面的不同产品类型，最大限度地满足不同细分市场需求。

B. 设计团队建设

　　从 2008 年成立发展至今，基本生活总员工人数为 300~400

人，仍属于小型企业。企业内部分为设计开发、供应链管理、品牌市场和渠道、财务、人力资源、行政、IT 等职能部门。虽然承担着企业最为重要的职能，但基本生活始终保持小而精的内部设计团队。这十几人的设计团队通过高效的运作和有效的设计管理，成功开发了智能生活、家居生活、健康氛围和个人随身四大品类里超过 1000 个品种的产品。管理层对于设计始终高度重视，设计团队的人才建设被视为企业发展的重要任务，现有的设计团队成员拥有国际化背景。设计团队的管理采取民主的方式，以鼓励设计师创新，勇于提出新想法，并在企业内部进行开放式的讨论与切磋。同时，公司的经营者本身就是基本生活设计的灵魂人物，基于自身高度的设计认同感和认知度，他把握着品牌产品的发展方向，并时刻检讨设计与公司品牌、战略的关系。

基本生活认为在运用设计和选择设计师时，首要的是创新的理念，即创新的设计想法是否能够切中使用者的心坎；其次，关注的是设计师对基本生活品牌美学的认同感；最后，才是设计师自身的设计技法。而设计能力的部分是可以通过与外部合作，逐步累计经验，学习提高。

因此，在设计管理上，基本生活采取内外部协作的方式运作设计项目。由于内部设计团队清楚品牌、产品的发展思路，因此主要负责创造新的想法，并在产品的设计、素材、功能等多维度展开考量。外部设计团队主要带来前瞻性的设计趋势，并通过合作传授内部设计团队新的设计方法。同时，内部工程团队也会与外部生产伙伴合作将模具生产要求细化以实现想法，确保技术水准、安全性、可持续性以及符合中国及国际市场的标准。这样的设计管理方式，使得企业内部有限的设计力量能够发挥最大的效益，并且，通过和高水准的外部团队合作，能够不断促进内部设计水平的提高，也保证品牌产品高质量、高水准的产出。这对于许多同类型的中小型企业而言，无疑是一个有效运用现有设计资源并快速发展设计力的途径。

小 结

从品高公司 B2B 业务的设计认知发展到基本生活品牌的设计差异化战略，基本生活的发展路径典型展示了从工业设计起步者发展到创新设计发展者的历程。随着管理层对于设计认知的逐步累计，设计在自有品牌的建立和发展过程中被定义为核心竞争力之一。在基本生活品牌里，设计的作用已经不再仅仅局限在产品外形，而是和品牌与商业战略整合，通过技术、素材、功能等创新要素，把设计在产品创新、功能创新、材料创新，甚至在产品平台创新中的作用发挥到最大。设计不仅在思维方式上影响了整个企业的战略框架，更通过细致的设计系统指引使得品牌产品在功能、用户、使用性上大幅提升表现。同时，通过品牌形象概念的引入建立产品平台，使各品类的产品能够在平台上保持与继承已建立的竞争优势，并不断发展成为自有品牌的产品特色，逐步扩大市场和品牌知名度。从而最终在建立自有产品特色、品质、技术领先的同时能够用设计建立识别度高的品牌形象，为以设计为核心竞争力在红海市场竞争中形成差异化优势的发展路径提供宝贵的经验参考。

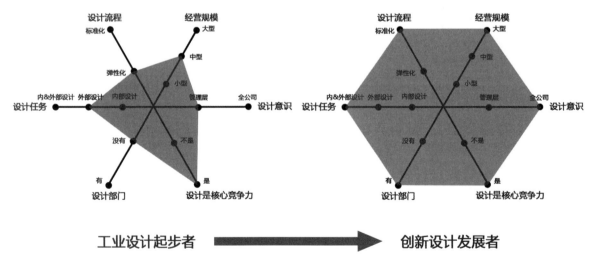

图 9-13　基本生活创新设计发展模式

CHAPTER TEN | 第十章

技术创新：康艺电子

行业类别：金融机具制造业
企业名称：广州康艺电子有限公司
成立时间：1994 年
企业规模：中型
创新设计发展模式：
工业设计起步者到创新设计发展者

在中国的金融机具行业，康艺无疑是名列前茅的。这是一家成立 10 年多的中小企业，在国内具有 30 多个销售网点，国内金融系统服务体系划分为 7 大区域，分布在 36 个省（自治区、直辖市），专业的金融机构服务网点多达 225 个。30% 的产品远销欧美及东南亚市场。公司现有员工 400 余人，各类工程技术人员和管理人员 93 人，其中拥有博士学位 3 人，高级工程师、工程师 23 人，12 个产品获得了国家专利，产品通过了多项国内、国际认证。公司占地约 6000 平方米，拥有一个 1200 平方米具有现代化的产品研发中心，生产车间达 10000 平方米，拥有 4 个现代化生产车间，装备自动生产线 6 条，标准生产线 16 条，固定资产超 2000 万元，已达到年产 10 万台点钞机、30 万台验钞机、1 万台捆钞机的生产能力。

然而，对于康艺来说，这样的软、硬件设施与条件并不能说明什么，康艺真正关注的核心是品质，"自信源于品质"，这才是造就康艺市场领先的真正秘密所在。而领先的技术由设计展现出来，设计的运用与管理又形成了对品质的保证，这就是康艺获得今天发展成果的系列原动力。

10.1 专业领域中的发展

广州康艺电子有限公司的创业始于 1994 年，但是公司正式成立于 1999 年，发展至今已经成为一家专业从事金融机具研制、开发、生产销售一条龙的高科技企业。总部设在广州，生产基地（顺德分公司）位于顺德，拥有 15000 平方米的现代化厂房及 2000 平方米的研发中心，配备多条成熟的生产线、先进的科研仪器与生产设备，年生产能力可达数 10 万台。因企业发展的需要，公司于 2010 年底在顺德北窖大沙工业区购买了占地面积近 16000 平方米的厂区，作为康艺公司新的生产基地。

经过十多年的不懈努力，公司从单一的生产验钞机发展到出品人民币、外币类验钞机和点钞机、捆钞机、复点机、装订机等一系列金融机具，康艺牌产品无论是质量还是销量在同行业中均名列前茅。康艺共有 12 个产品获得了国家专利，产品通过了多项国内、国际认证。

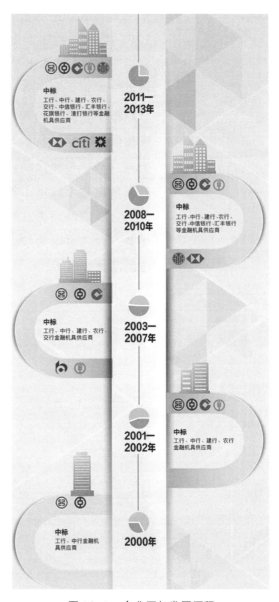

图 10-1　企业历年发展历程

10.2 技术领先力

公司成立初期主要生产民用的简易人民币验钞机，从1997年开始点钞机生产，2000年进军高档点钞机领域，其后于2002年推出了美元、欧元等外币点钞机，2006年推出了美元、欧元序列号鉴别打码机，2007年推出红外全息卢布点钞机，2008年成功将CIS、CCD等图像扫描技术应用于点钞机，目前正着力于钞票处理设备、清分机、中小型点钞机等新产品。康艺每一次新产品和新产品平台的产生都是基于技术上的进步与创新，技术创新无疑是企业产品进步的原动力。康艺认为公司的核心竞争力在于技术优势：尤其是防伪技术；其次是产品质量；最后是已经形成的品牌效应。

10.3 成功的产品平台

　　康艺至今已经有六代点钞机产品，每个时期的新款点钞机都牢牢占据市场销售的领先地位。一般的产品开发周期和产品生命周期是两年一款新产品，通常在产品上市后半年才开始旺销，至 2~3 年后销售开始下滑。对于康艺的产品，通常客户使用产品后感觉顺手、满意，会希望下次还购买同样的产品，因此康艺的旧机型至今也具有一定的市场占有率。

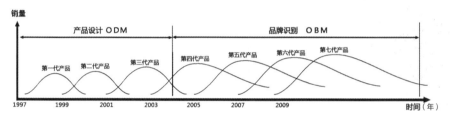

图 10-2　产品平台的建立

　　而在这六代产品中，第四代产品相对更为成功。该产品从 2004 年上市销售至今，一直畅销，且保持市场的领先地位。该产品的特色十分突出，但是最值得注意的是其设计与技术的完美结合，以设计为导向，结合已有技术在新领域中的应用和技术创新。

　　该产品以设计为主的特色有：270 度全方位视角的 LED 显示屏、更加符合人机工学的独有的侧面操作系统、铝镁合金材料的应用、GE 塑料的应用等；而与此对应的工艺技术创新包括有：解决铝型加工精度低，无法应用在较精密产品中的问题；多角度可调较的 270 度转轴的技术研发。这些不仅仅是该产品的设计与技术特色，更是开创了行业中的诸多第一。所有的这些设计概念与技术都是第一次在金融机具行业中被应用，也代表了这一产品领域中的技术突破。

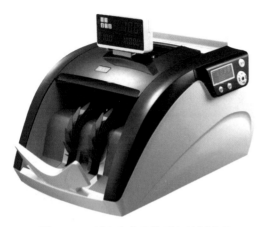

图 10-3　树立康艺品牌形象的新产品

图 10-4　统一品牌形象后衍生出的 HT2600 产品

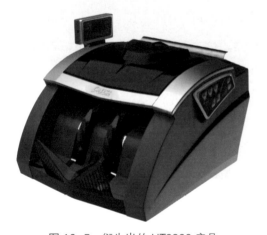

图 10-5　衍生出的 HT2900 产品

除了产品本身的设计特色以外，该款第四代产品更代表了公司在设计策略上的转变，即从以产品设计为主转向以品牌设计为主。在康艺，点钞机产品的设计已经不仅仅局限于考虑造型的美观、操作的方便、和技术结合的方式等问题上，而是把设计的应用上升到更高的层次：品牌识别的建立。首先，通过每一款产品的设计体现出康艺对于产品的基本观念：新技术的应用以提升产品的可靠性、设计与技术的结合以提高使用的效率和方便性等。更重要的是，建立统一的、可靠的产品平台，在延续成功产品特色的基础上不断更新提高，保持设计的延续性、使用习惯的延续性，进而强化用户对康艺品牌观念的理解。为了实现这一目标，康艺在该款的原创设计基础上，横向在各个产品种类上逐步衍生了其他型号产品，包括 HT2900（A/B）数字点钞机、HT2600（A/B）智能点钞机等，涵盖了专业银行产品和商务产品系。在纵向上，保持产品基本的风格特色，再开发之后的第五代、第六代产品，纵向与横向的设计发展结合，不但清楚展现了康艺的设计策略构思，也为其品牌识别的建立奠定了坚实的网络基础。

10.4 以设计为桥梁

在康艺，设计起到的是一个桥梁的作用，它与技术结合，直接导致了新技术在产品上的应用和产品的更新换代；它与市场结合，带来原创的设计概念和产品发展方向的制定；它与品牌结合，最终建立了属于康艺的品牌识别特征。通过设计流程管理，结合以上三个作用的发挥，设计真正在康艺起到了保证品质的作用。而正是这个品质带给企业自信，造就了企业的发展。

把设计和各个职能部门紧密结合，充分发挥其作用，形成产品和企业的优势，这一模式的建立不但得力于康艺领导层自身对于设计的深入认识，同时也和其引入的设计合作者密切相关。这就是以童慧明为领导的广州美院设计团队。康艺在建立初期就意识到设计的重要性，从1996年起已经和广州美院建立了稳定、默契的长期合作关系，在公司的发展策略上也没有培养自己的设计部门。在这样长期建立的彼此信任、稳定的合作关系上，设计的作用得以在公司内部和新产品开发中充分发挥。

A 设计 + 市场

康艺的产品概念都是由市场部门提出，他们基于对市场需求的了解，提出概念，再把这些概念整理后作为立项的设计输入条件与要求传递给设计人员。例如，市场部门通过市场调查发现，随着市场的发展，民用机和专业机的需求差异性越来越大，因此从2008年起决定把两类产品分开，分别适用于民用和专业两个市场。

而康艺的设计概念来源于市场部门提出的需求，和设计自身对于该产品市场的了解。作为长期合作的设计团队，童慧明的团队会持续关注该产品和相关产品市场的发展趋势，在新的设计项目中，把设计新观念引入进来。另一方面，由于康艺本身对设计深入的了解和认知，企业自己也会收集市场需求，分析国内外同行业的需求，把这些信息转到产品设计中。在这一模式下，以稳定的设计合作为纽带，市场需求、设计趋势、设计理念和企业发展理念得以充分的结合，并反映到产品的设计中。

B

设计 + 品牌

1994 年公司成立时就注册了"康艺"这一唯一品牌，2007 年被评为广州著名商标，2008 年被评定为广东省著名商标。设计已经成为康艺公司的核心竞争力和优势之一，对于康艺来说设计可以建立品牌认可和产生直接的利润。康艺的消费者首次使用他们的产品通常是通过朋友引见。在首次接触产品时，首先通过产品造型吸引目光，其次在消费者使用中逐渐体验到康艺产品的高工艺性、高品质和优秀的性能，以此逐步建立消费者对康艺产品和品牌的认可。

从一开始的关注设计，到之后的得益于设计，如今康艺的管理层对设计或设计实践已经形成共识，认为设计和业务同等重要。公司产品开发的初期就能够制定完整的产品设计输入表，里面包含了产品功能、应用工程、商机识别、使用者需求、产品美学等详尽的信息。对于设计的关注不只有美学，还有人机工学。工业设计起的感性作用，是建立良好第一眼印象。随后可靠的性能在消费者使用过程中建立稳固的印象，从而树立品牌的口碑，形成好的消费者认知度。产品设计包括产品造型设计和产品功能及性能的设计。因为产品的消费者多数具备一定的经济实力，因此他们不会一味地追求低价，而是更注重产品的性价比。在第四及第六代产品的开发过程中，已经有意识的带入了设计识别的观念，希望通过产品设计逐步形成产品识别特征，最终形成品牌识别。公司的整体品牌形象在和童慧明的合作中也得到逐步的建立和完善。

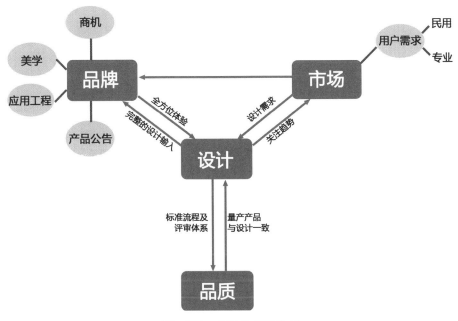

图 10-6 设计的桥梁作用

设计管理 + 品质 C

在设计过程中，从项目的一开始，公司各部门就非常重视设计输入。公司设计需求的确认由总经理带领负责各个职能运行的高级管理人员确认产品设计的各项要求与目标，即设计大纲，他们分别代表技术、研发和销售的意见。在设计评审环节，更是建立了较为完善的评审体系和制度。在产品开发流程的不同阶段，有着不同类型的评审，其目的也有所差异。诸多的设计评审主要目的就是随时沟通交流意见，讨论并解决问题。这些评审根据项目进展的不同阶段就分为设计输入评审、设计输出评审、产品样机评审和小批量产品评审。其次是参与设计评审的人员，主要由总经理带领销售人员、结构工程师、电子工程师等参加。最后是评审的信息，其来源主要是通过业务和市场的渠道。例如，在进行第六代产品设计时，市场人员就发现同行有更好的设计，于是就提出设计的改进意见。通过设计评审的把握，更进一步地把市场需求、技术和设计紧密地结合起来，从而达到保障产品品质的目的。

为了保障设计作用的有效发挥和规范化执行，康艺还制定了标准的设计流程作为设计执行的基本参考。这一流程由市场部展开市场调研开始，到设计输入、外包设计单位设计、设计评审、图纸输出、样品或手板、评审、模具投入、样品制作、小批量试产，最后进行大批量生产。其中在设计输入后，和外包设计同时进行的是内部技术设计及机芯打样，之后提交给产品造型设计作为设计的规格参考。

要保障产品品质，最直接的就是保障设计的质量，在康艺就是指量产产品与设计效果要达到一致。

如今，康艺公司已经成为行业内公认的工业设计领先者。公司每推出一个新产品就有大量的同行抄袭。在和外部设计的合作中，公司内部的相关设计力量也已经建立。开发技术部现有人员 20~30 人，以项目组的形式分配，每个项目组包括电子、结构等人员。公司一般每年推出最多三款产品，主要是结构和功能的变化。由总经理负责项目及设计沟通，还有专门的结构负责人。随着公司对于设计的重视，已经在公司内部有三位专职的结构及三维（Pro-E）设计人员配合外部设计的执行，配合童慧明的设计工作。与此同时，为了加强公司自身的设计认知，公司鼓励并支持设计人员与外界沟通，如带领员工参观行业的展览，了解国内外最新的产品发展状况。公司鼓励设计人员继续寻求专业上的教育及培训，但出去受教育不现实，主要以内部教育为主。

主要的保障手段有：

① 外包设计与企业合作默契，双方对于方案提交的品质有共同的理解；

② 公司内部的结构和三维设计配合外包的设计执行，整体外观效果由童慧明负责，并包括跟踪模具生产；

③ 公司有相关的评审规范，包括文件记录、变更记录。

10.5 整合细分市场的发展

康艺未来的发展，仍然会以技术优势为基础，设计为桥梁，以品质为品牌的保障。针对行业细分的特点，康艺也将细分其产品策略，主要的细分从地域上，可划分为国内和国外市场；从使用者上，可划分为商用市场和民用市场。国外市场主要为欧洲为主，以 OEM 的方式经营，逐步寻求进一步拓展市场的机会；国内市场以 OBM 模式操作，覆盖全国各地，主要为各沿海城市以及河南、陕西等地，其中经济发达的地区尤为突出，如江苏、浙江。

现在康艺的民用和专业产品各占 50%。由于商用（专业机）金融服务业客户的产品购买方式主要以招标的形式购买银行用机，而民用机的主要用户有企事业单位、网站、商场和批发商等，不同的消费市场必然的造就了不同的市场发展模式。康艺的市场战略也有因应的布局，其中民用市场相对较为轻松，因为消费者对本品牌的认知度高，产品被公认是质量好的，因此在该领域将继续强化已有的品牌战略。未来的康艺将在国内市场中强化民用产品品牌，争取专业类产品要占最大的市场份额；同时大力拓展以欧洲为主的海外市场。以设计造就品质，做真正的专业产品领域中的优秀民族品牌！

小 结

作为一个典型的中小企业，康艺凭借自己对于核心技术的发展与掌握，设计与产品创新的紧密融合，逐步的从工业设计起步者发展到创新设计发展者。早期的康艺和许多刚刚起步的中小企业没有什么不同，因为受到企业规模和设计力发展的局限，以依赖外部设计力量发展产品为主。可贵的是，企业的管理层从一开始就认识到设计的重要性，并且把设计定义为其核心竞争力之一。因而，一方面在聘请外部设计完成产品设计的工作，另一方面，企业也开始累计自己的设计知识与经验，通过与外部设计长期稳定的合作，建立起自己的设计体系。在此基础上，建立自己的设计研发部门，良好的设计意识也从企业的高级管理层拓展到全公司。通过一段时间的累计后，康艺对于设计的运用从产品层面跳跃到品牌层面就是一个很好的证实。设计的作用已经不再仅仅局限在产品外形，而是和新技术整合，在功能、用户、使用性上大幅提升产品的表现，同时通过品牌形象概念的引入建立产品平台，使后续产品能够在平台上保持与继承已建立的竞争优势，并不断发展成为自有品牌的产品特色，逐步扩大市场和品牌知名度。这也是康艺在通过数年的积累后逐步成为行业内的领先者的关键秘诀。康艺的创新设计力发展道路为从事专业装备产品制造的中小企业品牌带来了很好的参考经验。尤其是在早期缺乏设计资源和设计投入的阶段，如何能够坚持导入设计，并把设计作为核心竞争力持续发展，从而最终在建立自有产品特色、品质、技术领先的同时能够用设计建立识别度高的品牌形象，在市场中取胜提供成功的参考路径。

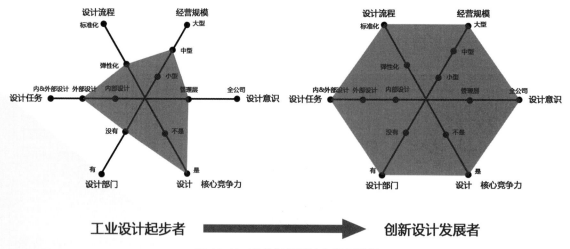

图 10-7　康艺创新设计力发展路径

CHAPTER ELEVEN | 第十一章

技术及生态创新：大疆创新

行业类别：飞行影像系统
企业名称：大疆创新科技有限公司
成立时间：2006 年
企业规模：大型
创新设计发展模式：创新设计发展者

　　DJI 大疆创新成立于 2006 年，以"the future of possible"为主旨理念，致力于成为全球飞行及专业影像系统独家先驱。目前，大疆深圳总部有 2000 多人，在北京、香港、德国、日本设有分公司。公司业务遍及全球，横跨北美、欧洲及亚洲。用户遍布全球 100 多个国家。据市场调查公司 Frost & Sullivan 估计，在年营业额 2.5 亿～3 亿美元的全球小型无人飞行器市场中，大疆占全球 50% 以上的市场份额。自 2010—2013 年，大疆销售额增长 79 倍，实现爆炸式发展。其产品在灾情调查和救援、空中监控、输电线路巡检、航拍、航测等领域有着广泛的应用前景。此外，配置相应的器材，还可完成有害气体检测、农药喷洒、通信信号中转、地面交通情况勘查等多项作业。

11.1 生态系统 + 创新驱动

从 2006 年 3 ~ 5 人的团队成长为 2014 年 2000 多人的公司，8 年实现了 80 多倍的规模成长。大疆是一个典型的依靠生态系统优势以技术创新驱动发展的企业。

大疆与许多中国科技公司不同，它不是根据某间海外合作伙伴的设计来生产硬件，也没有抄袭别人的产品。8 年时间，发展了从自主悬停，控制器，飞行器，到云台技术的完全的自主核心技术，并且形成一套个性化的整合方案。

表 11-1　大疆发展历程

时 间	事 件	规 模
2006 年	大疆创立，正式踏入征程	初创团队
2008 年	第一代里程碑产品——无人机飞控 XP3.1 问世	初创团队
2010 年	重磅产品 Ace One 诞生，发展出成熟及多样化的产品线	3 倍成长，50 多人
2011 年	新一代地面站问世。同时风火轮正式发布，大疆正式迈入娱乐模型市场	5 倍成长，100 多人
2012 年	世界首款专业快拆式多旋翼飞行器——筋斗云 S800 诞生，专业三轴云台——Zenmuse 禅思 Z15 震撼发布	350 多人
2013 年	世界首款航拍一体机——大疆精灵 Phantom 四轴飞行器出世。推出大众消费级航拍器——DJI 明星产品 Phantom 2 Vision，引领全球航拍热潮	79 倍成长，1500 多人
2014 年	推出升级产品 Phantom 2 Vision+，推出专业级八旋翼飞行平台——筋斗云 S1000，推出 DJI Lightbridge 2.4GHz 高清图传，推出 Ronin 如影三轴手持云台，颠覆好莱坞拍摄模式	2000 多人

2011 年，大疆开发了第一代地面站软件，用户可以将它安装手机和 iPad 上进行超视距飞行控制。同时，全球无人机市场增长迅速，高端市场主要由一家德国公司垄断，生产价格很高的碳纤维材料安保功能飞行器。低端市场，由于技术开源，出现了价格相对低廉的 DIY 无人机产品。大疆看到了两个市场之间的空隙，前者技术设计专业，规模大，但是价格偏高，后者技术设计不规范，产量小，但是价格低。因此，大疆综合了两者的特点，推出了一款高质量、高技术、低价格的专业飞行器，并把这一系列的多旋翼飞行平台命名为"风火轮"。这一产品的推出，同时满足两个市场的需求，把两万美金的市场价格降到几千美金。独特的市场定位，实现了大疆的一次飞跃，在 2011 年底实现了 5 倍的成长，员工人数也发展到了 100 多人。

在产品创新的同时，大疆也意识到产业生态环境的重要性。相比于国外企业，大疆在成本上的优势得益于深圳得天独厚的制造业条件，处于珠三角的制造业链条，加上低廉的生产成本，因此全球 80% 的模型产品都在深圳生产。然而大疆清楚地认识到，价格优势无法保证企业的绝对竞争力。为了避免陷入中国制造低价销售的老路，大疆坚持用 10 倍的能力来支持研发，在技术上不断创新，形成竞争壁垒优势。

在 2012 年的德国纽伦堡国际玩具展，大疆首次展示了世界首款专业快拆式多旋翼飞行器——筋斗云 S800。该产品之后在美国 NAB 展会上展出，很多好莱坞的导演和摄影师对其产生了浓厚的兴趣。同时他们提出链接无人机和摄像机的连接器过大，无法抗震，导致拍摄图像需要后期处理，产生了大量工作，询问大疆能否解决这个问题。这直接导致大疆研发禅思系列三轴陀螺稳定云台代替了传统连接器——当遇到震动的时候，三个电机就反向运动，主动抵消飞机带来的抖动。这也是云台概念第一次被用在航拍飞机上，无论是专业摄影团队还是普通用户都可以用它拍摄出一流稳定的画质。以此，大疆的产品直接进入好莱坞，开拓了新的市场与增长点。这也使得企业在 2013 年实现了 79 倍的成长。

大疆的创始人汪滔本身就是个遥控直升机爱好者，他发现以前的直升机很难控制，动不动就跌下来，一旦损坏，需要花费很长时间才能找到合适的零件，并且需要专业维修才能重新使用。然而专业级玩家毕竟占少数，广大的直升机爱好者又缺乏易操控且可承受价格的产品。为了改善产品体验，他做了一个控制器，并和同学组队参加 2005 年的 Robocon 比赛，赢得香港第一、亚太第三的成绩。

在本科毕业设计的基础之上，2006 年汪滔研发了自主悬停技术，并用于其硕士研究生的毕业设计。在此技术基础上，几个同学一起共同研发了一个耐用、稳定的模型直升机系统，该系统实现了直升机的自动控制和自主悬停。之后，在导师的支持下，汪滔在深圳莲花北创立团队成立了大疆公司，开始尝试把自主悬停技术商业化。

初创期的大疆并非一帆风顺，最初的产品渠道主要有两个，飞机模型论坛的爱好者或是大企业。前者购买以使用或是收藏，而后者购买以用来展示。因为自主悬停技术的稀缺，直升机的价格十分昂贵，一架往往在几万元到 20 万元人民币。并且由于产品形式仍然接近 DIY，用户和用途都不是针对大众消费市场，生产批量小，没有形成规模生产和有效的市场占有率。因此，大疆开始思考转型，如何从传统产学研体系的技术型 B2B 公司的小作坊模式，真正加入到市场化的竞争中，变成一个真正的消费市场品牌。但是当公司转型时，由于团队经验不足，造成市场和资金的困难，导致很多团队成员离职，大疆遭遇了第一次重大挫折。

2008 年，在创业的第三年，在导师李泽湘的帮助下，一批来自哈工大和香港科技大学的骨干力量加入大疆，自此一个 10 多人的创业团队组建完成。为了准备企业的再次出发，大疆重新制定了发展战略，以大众市场为目标，摆脱传统模式。大疆认为增加市场份额是关键，其出路就是保证质量的同时，降低产品价格，吸引全球模型爱好者。在这一战略的指导下，通过核心团队的努力研发了第一代里程碑产品：无人机飞行控制器 XP3.1。在此基础上，2010 年第一款工业级商用飞控器 Ace One 面世，和市场已有产品相比，其产品体积更小、重量更轻、功能更强、技术更先进、价格更低，把市面上几万元的同类产品价格做到 2 万元以内，迅速打败了当时德国和美国的两家竞争对手。Ace One 让大疆取得了初步的成功，在小众市场成为领跑者，完成两倍成长。

图 11-1　大疆筋斗云 S900

图 11-2　大疆禅思 Z15-5D

图 11-3　Phantom 2 Vision+

2013 年，大疆实现 79 倍的增长，同时公司扩大到 1500 多人。推出了世界首款航拍一体机——大疆精灵 Phantom 四轴飞行器以及大众消费级航拍器 Phantom 2 Vision，引领全球航拍热潮。2014 年，大疆成长将超过 2013 年，规模已扩大到 2000 多人。推出升级产品 Phantom 2 Vision+，专业级八旋翼飞行平台筋斗云 S1000，DJI Lightbridge 2.4GHz 高清图传及 Ronin 如影三轴手持云台，颠覆了好莱坞拍摄模式。

11.2 颠覆式产品创新

在技术创新驱动的战略指导下，大疆的产品线规划遵从两个清晰的原则：

1）从如何最大限度地解决最有代表性的问题出发；

2）覆盖广泛的用户群体。

在产品及技术研发上，企业始终集中研发资源，针对每一个有代表性的需求，做出最好的产品。这样既避免产品线的复杂化，同时又能让用户选择起来比较简单直观。这样的直接结果就是其产品主要分为飞行器、飞行控制器、相机云台和地面站。其中飞行器又针对普通用户和专业用户分成两个大类，面对普通用户的是 phantom 系列飞行器，面对专业用户的是筋斗云系列及风火轮系列。

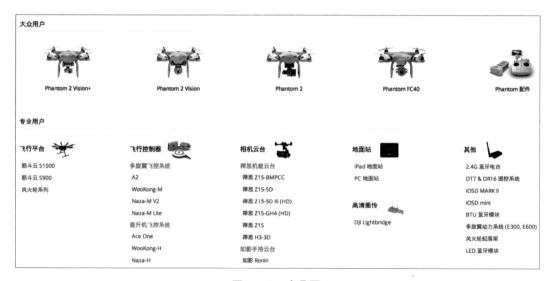

大众用户

Phantom 2 Vision+ Phantom 2 Vision Phantom 2 Phantom FC40 Phantom 配件

专业用户

飞行平台	飞行控制器	相机云台	地面站	其他
筋斗云 S1000	多旋翼飞控系统	禅思机载云台	iPad 地面站	2.4G 蓝牙电台
筋斗 S900	A2	禅思 Z15-BMPCC	PC 地面站	DT7 & DR16 遥控系统
风火轮系列	WooKong-M	禅思 Z15-5D		iOSD MARK II
	Naza-M V2	禅思 Z15-5D III (HD)	高清图传	iOSD mini
	Naza-M Lite	禅思 Z15-GH4 (HD)		BTU 蓝牙模块
	直升机飞控系统	禅思 Z15	DJI Lightbridge	多旋翼动力系统 (E300, E600)
	Ace One	禅思 H3-3D		风火轮起落架
	WooKong-H	如影手持云台		LED 蓝牙模块
	Naza-H	如影 Ronin		

图 11-4　产品图

来自用户体验的问题定义

对于普通用户，易用性很重要，大疆从用户的体验出发，让产品开箱可用，快速上手。而这里最有代表性的问题定义就是来自于对用户体验的研究。大疆要求的用户体验是使用者徒手就能轻易将螺旋桨装在机身上，无需调教就可以使用。大疆发现传统的遥控飞机难操控和易坠落有几个原因：操控系统难以控制，飞机遇到障碍无法悬停以及飞机一旦超出视野范围就无法控制。为了改善这些问题，大疆开发了第一代地面站软件，用户可以将它安装在手机和 iPad 上，并通过飞控器的 WIFI 发射装置，将无人机和手机连接。通过地面站系统，可以设置航线，飞行高度和速度，避开建筑物和机场，让无人机在有准备的情况下进行飞行，避免操作手误的偶然性。在飞行的过程中，WIFI 能够将相机的照片和视频同步到手机，用户可以通过手机屏幕观看机载摄影装置传来的即时影片，并且了解飞机的飞行状况，让飞机可以在超视距的情况下进行安全飞行。同时，手机上会实时显示飞机的方位朝向和飞行参数等情况，并且会在电量低的时候发送警报，可以一键返回。当无人机和手机失去联系，也会自动返航到起飞点。降落和起飞都很容易，可以一键操控。如果遇到紧急情况，用户可以从自动模式切换手动模式，夺回控制权。

通过对专业摄影摄像的研究，大疆发现地面拍摄也存在同样的问题。比如，传统的摄影师手持摄像机跟拍虽然方法灵活，但是画面不稳定晃动大。为了解决这个问题，大疆开发了如影手持云台——作为从飞行云台技术延展出来的专业级摄像机电子稳定器。同时如影云台可以迅速流畅的接入摄影起吊机和无人机进行高空拍摄，无需调整手动增稳器的大小和重量，就能保证画面的稳定，省去了大量的人力和时间成本，更加灵活。这个产品为电影创作提供了新的可能性，很多以前难以想象的镜头都可以轻易拍摄，器材对摄影师的限制大大降低了。同时，它可以搭载各种最新型号的摄影机。

基于生态系统的整体解决方案

随着大疆的发展，技术优势形成了系统优势，这些优势已不再仅仅用于为目标用户提供单款产品，而是用于整体性的解决方式。为了打通链条中的每一环节，大疆不再满足于在自己的飞行平台上搭载其他品牌的航拍相机，而是准备开发自己的相机。为此，企业在东京建立了分公司，自此，其全球视野的产业生态圈的概念已经显现无余。

大疆通过一个个子系统的突破积累了技术壁垒，形成系统的优势。通过自主技术研发，和以用户为中心的思维方式，把系统优势设计成商业产品，并通过产品的不同组合形成整体解决方案。其高技术、好设计、低价格、高性价比的颠覆式组合，创造了强有力的市场竞争力。同时，多年形成的技术壁垒防止了其他公司对其产品的模仿。因为模仿者只能模仿已经上市的产品，无法模仿创新产生的系统和持续创新的能力。这让模仿者只能采取低价竞争方式，无法享受创新、品牌和规模带来的溢价及可持续的利润。

从香港科技大学基础孵化生态圈，到中国深圳的模型产业生态圈，到日本东京相机研发产业生态圈，大疆在全球寻找最优的专业产业生态圈以支撑其研发，形成自己的竞争优势。

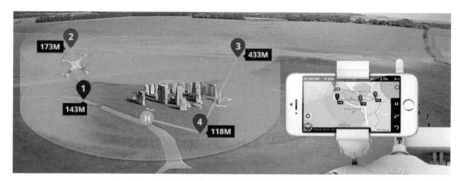

图 11-5 利用地面站进行航线设定

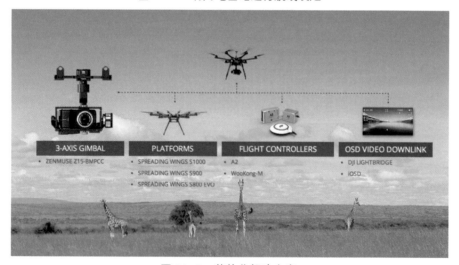

图 11-6 整体化解决方案

11.3 品牌运营与销售

国际品牌形象的树立

通过技术驱动创新，充分利用全球生态系统形成的整体解决方案，大疆建立了良好的品牌口碑，完全颠覆了中国企业在西方传媒中的印象。

在大疆以前，西方媒体对中国的大部分公司的报道多为负面或者中立态度，中国企业很少和"创新"联系，多和"模仿"与"廉价竞争"相关。但是大疆是其中的一个特例，《纽约时报》《时代周刊》《福布斯》对大疆给予了极高的赞誉，认为其即使和硅谷的高科技公司相比，也绝不逊色。微软 12 个常委的其中 4 个，包括比尔·盖茨、肯尼迪家族，苹果企业高管都很喜爱大疆的产品。红杉资本的主席迈克尔·莫里斯认为大疆的产品可以媲美苹果二代计算机——为传统大众消费品的 DIY 及小众设计树立了跨时代的标杆，开创了一个产品的品类，甚至是一种行业。《经济学人》杂志将大疆列为世界机器人发展史上中国唯一入选的机器人。

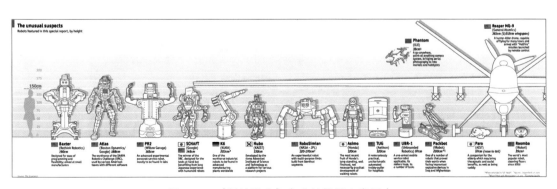

图 11-7 《经济学人》杂志的机器人发展史

专业展会

大疆参加了世界上各种具有影响力的展会，在展示自己的同时，向他人学习，追求高于行业标准的产品体验。包括世界摄影界最大的展会之一 Photokina（图11-8），各大广播公司、内容制作人、媒体专家参加的整个欧洲地区最具权威、规模最大的荷兰广播电视设备展览会（IBC）以及火警救援国际大会等与产品相关的不同行业的展会。

图 11-8　2012 年的德国纽伦堡国际玩具展（上图）和美国 NAB 展会（下图）

慈善及商业活动

无论商业活动或是公益活动，都是大疆展示自己的舞台。大疆赞助了伦敦始发的蒙古拉力赛小组的慈善之旅等活动；在世界杯期间组织爱好者用大疆产品拍摄；参加戛纳电影节；作为合作方参加 Adobe Create Now 全球研讨会；现身加州科学院 NightLife 研讨会等活动。美剧《国土安全》《24 小时》《摩登家庭》等电视剧在拍摄中都采用了大疆的航拍飞行器，《神盾局特工》《智能缉凶》《摩登家庭》《国土安全》等剧情中都出现了大疆的产品。

多渠道布局

大疆的市场遍及全球，横跨北美、欧洲及亚洲，用户遍布全球 100 多个国家。其产品在包括亚马逊等 300 多个电商网站销售。用户已经超出了航拍爱好者和专业摄影团队，地产经纪可以用无人机拍摄物业的照片，让客户在网上就能全方位了解物业的情况，增加了购买量；农民用大疆的产品检测作物的声场情况；产品更被用于灾难救援，如对云南鲁甸县地震救援工作中运用大疆无人机在地震废墟中搜寻幸存者迹象，了解地震情况，进行道路疏通抢修工作等。在不久的将来，无人机也会被广泛运用到物流行业，进行货物运输。

创新人才储备

为了吸引更多顶尖人才加入公司，大疆创办深港机器人创新夏令营，对参加的学生进行为期 5 周的机器人课程培训。大疆赞助了收视率并不高的亚太机器人比赛中的中国赛区比赛，支持了许多像当初汪滔一样的极客们参加了比赛。通过这些活动，大疆发现和吸引了很多创新人才，并邀请他们加入团队。

11.4 生态创新：产学研一体化

ATC 创新模式

　　大疆的产生和成长过程除了得益于团队成员的努力，还与背后支持它的香港科技大学自动化科技中心创新模式（ATC 模式）息息相关。该模式参考斯坦福的授课模式以及谷歌的创立模式，将产学研结合一体化，将课题设计、确定研究问题、市场调研、产品实现、商业孵化等部分结合。将学生兴趣和学校课程结合，将研究成果和商业化结合。在这一模式下，课程合作的同学就成为创业的合作伙伴，指导课程的老师成为了创业导师。

　　大学一年级到四年级的机械、电子、工程、计算机等专业的学生都可以参加 ATC 模式的机械人设计课程。课程为期 8 个月，从设计思维入手，根据用户的需求，讨论产品可能的发展方向，再组成产品开发团队，进行市场调研，并通过头脑风暴产生创意。通过培训，让同学们了解如何使用工具、实现想法、沟通合作、展示想法。在确定了项目方向之后，同学们开始设计包括机械系统、电子系统以及软件系统的子系统。在课程中间还会穿插到生产地深圳，如大疆和固高等榜样公司以及东莞松山湖创业园区，甚至美国硅谷进行参观。让同学们了解研究落地商业化的过程、生产的过程以及市场的发展，让创新目的性更加明确，产品更加实用于现实市场，而不仅仅是实验室成果。系统设计完成后，学生会去深圳华强北采购零部件，然后找工厂做印刷电路板（PCB），进行机械设计和工业设计，最终制作出原型产品。因此通过课程的学习，学生会对小批量生产的流程有深刻的了解，而不仅仅是纸上谈兵。导师对生产出来的产品进行系统评估，学生根据评估纠错，修改参数，不断完善产品，并且进行测试。最后做出来的产品，如机器人，会参加比赛。

如果学生想把研究产品商业化，可以加入清水湾创业俱乐部。该俱乐部会邀请风险投资人（如红杉资本）评估产品，如果项目适合，会在投资人的帮助下成立公司，建立品牌、销售等渠道。可以利用东莞制造的优势进行大规模的生产。在这种模式下诞生的公司除了大疆，还有李群自动化（李群）、易致科技、云州智能等多家公司。例如，李群的团队成员都是自动化科技中心的学生，他们发现很多国际大品牌机器人厂商已经投资了巨大的人力物力研发汽车生产行业的机器人，而手机生产行业的机器人技术力量仍然薄弱，且中国承担了全世界 70% 的电脑、通信和消费电子生产，对于生产行业的机器人有着巨大的需求，因此李群团队致力于生产机器人的开发，其设计的几款产品在上海工博会上打败了中国、日本的多家机器人品牌公司，被选为 4 个最有影响力的机器人。机器人课程现在成为科大最有影响力的课程之一，每年有 400~500 名学生来这里上课，他们可以组成团队，设计产品，参加比赛，共同创业。

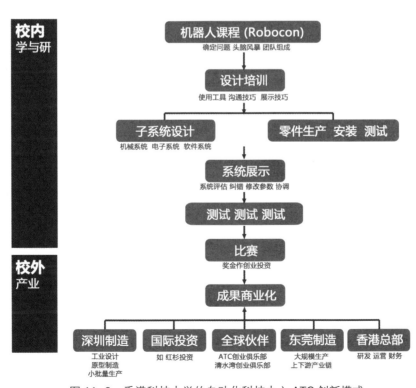

图 11-9　香港科技大学的自动化科技中心 ATC 创新模式

小 结

  大疆的成功，代表性地展示了三个层次的创新设计以及其有机结合的方式。从技术创新、到产品创新、到全球产业圈的有效布局，企业充分地将创新设计思维与商业战略进行结合，从而发展出高效的运作模式。而在这背后，支撑企业快速发展的是产学研三者结合的创业孵化平台。通过香港科技大学的机器人课程以及比赛的磨炼，在校学生可以组建自己的团队，设计、生产、测试方案。在毕业后，基于深圳模型制造及电子元器件等完整的供应链系统，让学生有机会将技术成果商业化。而通过东莞制造以及创业环境的开拓，企业可以吸纳国际投资团队基金，发展全球伙伴，将技术研发、创新设计、品牌运营等方面紧密结合，企业在短期内实现突破式发展。大疆作为一个独立的案例，完整地展示了创新设计发展者的模式在其行业领域内的实践方式。而其依据的粤港创新体系将为我国更多区域的产学研合作与发展带来启示。在此基础上，中国将会出现越来越多的颠覆式创新公司。